工业企业安全
生产技术

王世祥 编著

U0200456

四川科学技术出版社

图书在版编目（CIP）数据

工业企业安全生产技术 / 王世祥编著. -- 成都：
四川科学技术出版社, 2019.4
ISBN 978-7-5364-9436-7

Ⅰ.①工… Ⅱ.①王… Ⅲ.①工业企业—安全生产
Ⅳ.①X931

中国版本图书馆CIP数据核字(2019)第067605号

工业企业安全生产技术
GONGYE QIYE ANQUAN SHENGCHAN JISHU

出 品 人	钱丹凝
编 著	王世祥
策 划	谢 伟
责任编辑	徐登峰 李 珉
封面设计	艺和天下
责任出版	欧晓春
出版发行	四川科学技术出版社
	成都市槐树街 2 号 邮政编码 610031
	官方微博：http://e.weibo.com/sckjcbs
	官方微信公众号：sckjcbs
	传真：028 - 87734035
成品尺寸	170mm×240mm
	印张13.75 字数230千字
印 刷	三河市金轩印务有限公司
版 次	2019年5月第一版
印 次	2019年5月第一次印刷
定 价	26.80 元

ISBN 978-7-5364-9436-7

内 容 提 要

　　本书在参照《注册安全工程师执业资格考试大纲》的基础上，以培养技术应用型人才为出发点，力争做到理论与实际的有机结合，根据各类安全技术专业特点及应用范围的广度，将内容设置为五章，分别向读者介绍了安全工程技术概论、机械安全生产技术、电气及静电安全技术、防火防爆安全技术、煤矿及非煤矿山安全技术。本书具有结构严谨，针对性、实用性和可操作性强的特点。

　　本书可作为高职高专院校工业环保与安全技术专业、安全技术管理专业的专业基础课教材，也可供化工、安全和环保等相关专业选用，还可供从事安全工程、安全检测、安全评价、安全管理、安全咨询以及申请报考国家注册安全工程师执业资格考试的人员参考。

前　言

　　安全生产事关人民群众的生命财产安全，事关改革发展和社会稳定大局。搞好安全生产工作是企业生存与发展的基本要求，是全面建设小康社会、统筹经济社会全面发展的重要内容，是贯彻党中央、国务院一系列安全生产政策，实施可持续发展战略及建设和谐社会的重要组成部分，也是政府履行社会管理和市场监督职能的基本任务。

　　预防事故，实现安全生产，没有技术作为支撑和保障是不可能的。安全技术是生产技术不可分割的重要组成部分。安全技术内容丰富，涉及专业领域广泛，是一门综合性交叉应用技术学科。随着我国越来越多的安全技术标准、规范的颁布实施以及修订完善，学习和掌握安全技术知识和技能，已成为全社会各行业对高技能型人才的共性要求。学习安全生产技术课程，其目的是培养高素质、掌握丰富的安全专业技术知识和技能的复合型人才，建立社会化的安全科技服务体系，为各类生产经营单位，尤其是普遍缺乏安全专业技术人员和管理人员的中小企业提供职业健康安全领域的技术职务，改善安全生产条件，减少各类职业危害，促使企业建立自我约束、持续改进安全生产长效机制。

　　本书在编写过程中，以培养技术应用型人才为出发点，力争做到理论与实际的有机结合，理论以"必需"和"够用"为度，根据各类安全技术专业特点及应用范围的广度，将内容设置为五章。本书内容力求通俗易懂、涉及面宽，突出实际应用技术，具有鲜明的实用性；在充分考虑生产安全领域的同时，吸收了我国部分优秀企业的安全管理经验，照顾到了生活安全、生存安全领域，突出了时效性强的特色。

本书在编写过程中，参阅了大量安全生产的书籍和资料，在此对相关作者表示诚挚的感谢。因编写时间紧，加之编著者水平有限，难免有疏漏之处，敬请广大读者在阅读和使用中多提宝贵意见，以便进一步丰富和完善。

编著者

2019年3月

CONTENTS

目 录

第一章 安全工程技术概论

第一节 安全与安全科学技术

一、事故与事故特征

（一）事故的定义

事故定义为：个人或集体在为实现某一意图而采取行动的过程中，突然发生了与人的意志相反的情况，迫使其有目的的行动暂时地或永久地停止的事件。

按照国家标准（GB/t6441—1986，工伤事故定义为"职工在劳动过程中发生的人身伤害、急性中毒"。具体来说，工伤事故就是在企业生产活动中所涉及的区域内，在生产过程中，在生产时间内，在生产岗位上，与生产直接有关的伤亡事故；以及在生产过程中存在的有害物质在短期内大量侵入人体，使职工工作立即中断并须进行急救的中毒事故；或不在生产和工作岗位上，但由于企业设备或劳动条件不良而引起的职工伤亡，都应该算作因工伤亡事故而加以统计。

例如，建筑施工事故是指在建筑施工过程中，由于危险因素的影响而造成的机械伤害、中毒、爆炸、触电等，或由于各种原因造成的各类伤害。建筑施工现场的职工伤亡事故主要有高处坠落、机械伤害、物体打击、触电、坍塌事故等。

（二）伤亡事故的分类

1. 按伤害程度划分

按伤害程度将伤亡事故划分为：

①轻伤——指损失工作日低于105日的失能伤害；

②重伤——指损失工作日等于或超过105日的失能伤害；

③死亡——损失工作日定为6 000日。

2. 按事故严重程度划分

按事故严重程度将伤亡事故划分为：

①轻伤事故——指只有轻伤的事故；

②重伤事故——指有重伤而无死亡的事故；

③死亡事故——分为重大伤亡事故和特大伤亡事故，重大伤亡事故指一次事故死亡1～2人的事故，特大伤亡事故指一次事故死亡3人及以上的事故。

3. 按伤害方式划分

按伤害方式可将伤亡事故划分为物体打击、车辆伤害、机械伤害、起重伤害、触电、淹溺、灼烫、火灾、高处坠落、坍塌、冒顶片帮、透水、放炮、火药爆炸、瓦斯爆炸、锅炉爆炸、容器爆炸、其他爆炸、中毒和窒息以及其他伤害数种。

4. 按伤亡事故的等级划分

原国家建设部把重大事故分为四个等级。原国家建设部1989年3号令《工程建设重大事故报告和调查程序规定》第三条规定如下。

（1）一级重大事故。具备下列条件之一者为一级重大事故：

①死亡30人及以上；

②直接经济损失300万元以上（含300万元）。

（2）二级重大事故。具备下列条件之一者为二级重大事故：

①死亡10～29人；

②直接经济损失100万元以上（含100万元），不满300万元。

（3）三级重大事故。具备下列条件之一者为三级重大事故：

①死亡3～9人；

②重伤20人及以上；

③直接经济损失30万元以上（含30万元），不满100万元。

（4）四级重大事故。具备下列条件之一者为四级重大事故：

①死亡2人及以下；

②重伤3～19人；

③直接经济损失10万元以上（含10万元），不满30万元。

5. 按事故发生的原因划分

（1）直接原因。机械、物质或环境的不安全状态；人的不安全行为。

（2）间接原因。技术上和设计上有缺陷，教育培训不够，劳动组织不合理，对现场工作缺乏检查或指导错误，没有安全操作规程或规程不健全，没有或不认真实施事故防范措施，对事故隐患整改不力等。

（三）事故特征

1. 事故的概念及分类

事故是以人体为主，在与能量系统关联中突然发生的与人的希望和意志相反的事件。事故是意外的变故或灾祸。事故现象是在人的行动过程中发生的，如以人为中心按事故后果可以分为伤亡事故和一般事故。

伤亡事故，简称伤害，是个人或集体在行动过程中，接触了与周围条件有关的外来能量，该能量作用于人体，致使人体生理机能部分或全部损伤的现象。在生产区域中发生的和生产有关的伤亡事故，称为工伤事故。

一般事故，亦称无伤害事故，是指人身没受伤害或只受微伤，停工短暂或与人的生理机能障碍无关的未遂事故。统计表明，事故之中无伤害的一般事故占90%以上，它比伤亡事故的发生概率大几十倍。

2. 事故的特征

为了积极预防事故发生，需要注重深入研究事故的以下特征：

（1）事故的因果性。因果性是某一现象作为另一现象发生的依据的两种现象之关联性。

事故是相互联系的诸原因的结果。事故这一现象都和其他现象有着直接或间接的联系。在这一关系上看来是"因"的现象，在另一关系上却会以"果"的形式出现，反之亦然。

事故的因果关系有继承性，即多层次性：第一阶段的结果往往是第二阶段的原因。

给人造成伤害的直接原因易于掌握，这是由于它所产生的某种后果显而易见。然而，要寻找出究竟是何种间接原因又是经过何种过程而造成事故后果，却非易事。因为随着时间的推移，会有种种因素同时存在，有时诸因素之间的关系相当复杂，还有某种偶然机会存在。

因此，在制定事故预防措施时，应尽最大努力掌握造成事故的直接和间接的原因，深入剖析事故根源，防止同类事故重演。

（2）事故的偶然性、必然性和规律性。从本质上讲，伤亡事故属于在一定条件下可能发生，也可能不发生的随机事件。

事故的发生包含着所谓的偶然因素。事故的偶然性是客观存在的，与人们是否明了现象的原因全不相干。

事故是由于某种客观不安全因素的存在，随时间进程产生某种意外情况而显现出的一种现象。因为事故或多或少地含有偶然的本质，故不易决定它所有的规律。但在一定范围内，用一定的科学仪器或手段，却可以找出近似规律，从外部和表面上的联系找到内部的决定性的主要关系，虽不详尽，却可略知其近似规律。如应用偶然性定律，采用概率论的分析方法，收集尽可能多的事例进行统计分析，可找出根本性问题。这就是从事故的偶然性找出必然性，认识事故发生的规律性，使事故消除在萌芽状态之中，变不安全条件为安全条件，化险为夷。

（3）事故的潜在性、再现性和预测性。人在生产活动中所经过的时间和空间中不安全的隐患是潜在的，条件成熟时在特有的时间场所就会显现为事故。因此，既要抓本质安全，把事故隐患消灭在设计图纸上；又要抓安全教育，使人认识到在生产过程中潜在的事故隐患，及时加以排除，以保证安全生产。

时间一去不可复返，完全相同的事件也不会再次重复出现。但是，对类似的因果联系的事故阻挡其再现性，即防止同类事故重复发生是可能的。

事故是可以预测的。基于人们对过去事故所积累的经验和知识，通过研究构思出一种预测模型，在生产活动开始之前，预测在各种条件下可能出现的危险及其防止措施。为提高预测的可靠性，必须发展和开拓使用高新技术和先进的安全探测仪器。安全工作以预防为主，应及时发现事故的潜在性，根除其隐患，不使之再现为事故，提高预测的可靠性。

二、危险与危险源

1. 危险

危险，亦称危险性，指来自某种危害而造成的人员伤亡和物资损失的机会。它是由危险严重程度及危险概率表示的可能损失，是表征潜在的危险后果。

2. 危险源

危险源即危险的根源。危险源是指可能导致人员伤亡或物资损失事故的、潜在的不安全因素。因此，各种事故的致因因素都是危险源。事故致因因素种类繁多，可根据危险源在事故发生中的作用，将其划分为以下两大类。

（1）第一类危险源。根据能量意外释放理论——能量转移论，能量或危险物质的意外释放是伤亡事故发生的物理本质。于是，把生产过程中存在的，可能发生意外释放的能量能源、能量载体或危险物质称作第一类危险源。

为防止第一类危险源导致事故，必须采取措施约束、限制能量或危险物质，控制危险源。在正常情况下，生产过程中的能量或危险物质受到约束或限制，不会发生意外释放，即不会发生事故。但是，一旦这些约束或限制能量、危险物质的措施受到破坏、失效或故障，则将发生事故。

（2）第二类危险源。导致能量或危险物质的约束或限制措施破坏或失效、故障的各种因素，称作第二类危险源。它主要包括物的故障、人为失误和环境因素。

物的故障是指机械设备、装置、元部件等，由于性能低下而不能实现预定功能的现象。物的不安全状态也是物的故障。故障可能是固有的，由于设计、制造缺陷造成的；也可能是由于维修、使用不当，或磨损、腐蚀、老化等原因造成的。

从系统的角度考察，构成能量或危险物质控制系统的元素发生故障，会导致该控制系统的故障而使能量或危险物质失控。故障的发生具有随机性，这涉及系统可靠性问题。

人为失误是指人的行为结果偏离了被要求的标准，即没有完成规定功能的现象。人的不安全行为也属于人为失误。人为失误会造成能量或危险物质控制系统故障，使屏蔽破坏或失效，从而导致事故发生。

环境因素，指人和物存在的环境，即生产作业环境中的温度、湿度、噪声、振动、照明、通风换气以及有毒有害气体存在等。

一起伤亡事故的发生往往是两类危险源共同作用的结果。第一类危险源是伤亡事故发生的能量主体，决定事故后果的严重程度；第二类危险源是第一类危险源造成事故的必要条件，决定事故发生的可能性。

三、安全与安全科学技术

1. 安全

安全，泛指没有危险、不受威胁和不出事故的状态。《韦氏大词典》将安全定义为："没有伤害、损伤或危险，不遭受危害或损害的威胁，或免除了危害、伤害或损失的威胁。"

生产过程中的安全是指"不发生工伤事故、职业病、设备或财产损失的状况；即指人不受伤害，物不受损失"。

工程上的安全性是用概率上的近似客观量来衡量安全的程度。系统工程中的安全概念与传统的安全定义大不相同。长期以来，人们一直把安全和危险看作截然不同的、相对对立的旧概念。系统安全包含许多创新的安全新概念：认为世界上没有绝对安全的事物，任何事物中都包含有不安全的因素，具有一定的危险性。安全只是一个相对的概念，它是一种模糊数学的概念；危险性是对安全性的隶属度；当危险性低于某种程度时，人们就认为是安全的。安全性（S）与危险性（D）互为补数，即

$$S=1-D$$

安全工作贯穿于系统整个寿命期间。在新系统的构思、可行性论证、设计、建造、试运转、运转、维修直到系统废弃的各个阶段都要辨识、评价、控制系统中的危害与危险，预测和消除危险源，全方位地贯彻预防为主的安全生产方针。

2. 安全科学技术

安全学科是一个管理学、生理学与工程学、心理学及医学的交叉学科。安全科学技术是研究人类生存条件下人—机—环境系统之间的相互作用，保障人类生产与生活安全的科学和技术，或者说是研究技术风险导致的事故和灾害的发生和发展规律，以及为防止意外事故或灾害发生所需的科学理论和技术方法，它是一门新兴的交叉科学，具有系统的科学知识体系。

20世纪70年代以来，科学技术飞速发展，随着生产的高度机械化、电气化和自动化，尤其是高技术、新技术应用中潜在的危险常常突然引发事故，使人类生命和财产遭到巨大损失。因此，保障安全，预防灾害事故从被动、孤立、就事论事的低层次研究，逐步发展到系统的综合的较高层次的理论研究，最终导致了安全科学的问世。

现今，安全科学已从多学科分散研究发展为系统的整体研究，从一般工程应用研究提高到技术科学层次和基础科学层次的理论研究。在我国，进入20世纪80年代以后，安全科学学科建设和理论研究得到了迅速发展。国家标准（GB/t 13745—92）《学科分类与代码》中已将安全科学技术列为一级学科。

安全科学技术是一门新兴的边缘科学，涉及社会科学和自然科学的多门学科，涉及人类生产和生活的各个方面。从学科角度上看，安全科学技术研究的主要内容包括：

（1）安全科学技术的基础理论。如灾变理论、灾害物理学、灾害化学、安全数学等。

（2）安全科学技术的应用理论。如安全系统工程、安全人机工程、安全心理学、安全经济学、安全法学等。

（3）安全专业技术。包括安全工程、防火防爆工程、电气安全工程、交通安全工程、职业卫生工程、安全管理工程等。

安全科学技术横跨自然科学和社会科学领域，近十几年来发展很快，直接影响着经济和社会发展。随着安全科学学科的全面确立，人们更深刻地认识了安全的本质及其变化规律，用安全科学的理论指导人们的实践活动，保护职工安全与健康，提高功效，发展生产，创造物质和精神文明，推动社会发展。

四、安全技术的学科门类

要实现安全生产，预防事故，既要靠管理，同时又离不开技术，当然还需要提高所有从业人员的素质，而在这三个方面中，技术是关键。所以，一切安全工作者在掌握尽可能全面的安全管理知识的同时，更应该掌握必要的安全技术。

1. 安全技术的概念

生产过程中往往存在着一些不安全的因素，危害着工人的身体健康和生命安全，同时也会造成生产被动或发生各种事故。为了预防或消除对工人健康的有害影响、避免各类事故的发生、改善劳动条件而采取各种技术措施和组织措施，这些措施的综合，叫作安全技术。

安全技术是生产技术的一个分支，与生产技术紧密相关。安全技术内容丰富，涉及安全工程、安全原理、安全设计、防火防爆、环境保护，以及设备、电气、焊接、起重、防腐等各个专业和领域的技术，是一门综合性应用技术。

2. 安全技术的分类

安全技术是劳动保护科学中的一个学科，它可以分为"产业（部门）劳动保护学"，如煤矿安全技术、冶金安全技术、机械制造安全技术、建筑工程安全技术等；"专门劳动保护学"，如电气安全技术、锅炉与压力容器安全技术、起重安全技术等。

按照行业，安全技术可分为矿山安全技术、煤矿安全技术、石油化工安全技术、冶金安全技术、建筑安全技术、水利水电安全技术、旅游安全技术等。

按照危险、有害因素的类别，安全技术可分为防火防爆安全技术、锅炉与压力容器安全技术、起重与机械安全技术、电气安全技术等。

按照导致事故的原因，安全技术可分为防止事故发生的安全技术和减少事故损失的安全技术。

3. 安全技术的重要性

安全技术主要是运用工程技术手段消除物的不安全因素，实现生产工艺和机械设备等生产条件的本质安全。在生产中，应用安全技术针对不安全因素进行预测、评价、控制和消除，以防止人身伤害事故、设备事故和环境污染，保证生产的安全运行。

安全技术的作用在于消除生产过程中的各种不安全因素，保护劳动者的安全和健康，预防伤亡事故和灾害性事故的发生。采取以防止工伤事故和其他各类生产事故为目的的技术措施，其内容包括：

①使生产装置本质安全化的直接安全技术措施；

②间接安全技术措施，如采用安全保护和保险装置等；

③提示性安全技术措施，如使用警报信号装置、安全标志等；

④特殊安全措施，如限制自由接触的技术设备等；

⑤其他安全技术措施，如预防性实验、作业场所的合理布局、个体防护设备等。

从上述情况看，安全技术所阐述的问题和采取的措施，是以技术为主，是借安全技术来达到劳动保护的目的，同时也要涉及有关劳动保护法规和制度、组织管理措施等方面的问题。因此，安全技术对于实现安全生产，保护职工的安全和健康发挥着重要作用。

五、安全工程技术的发展方向与进展

安全工程技术是一门涉及范围很广、内容极为丰富的综合性学科。它涉及数学、物理、化学、生物、天文、地理等基础科学，电工学、材料力学、劳动卫生学等应用科学，化工、机械、电力、冶金、建筑、交通运输等工程技术科学。在过去几十年中，安全工程的理论和技术随着产业安全的发展和各学科知识的不断深化，取得了较大进展。随着对火灾、爆炸、静电、辐射、噪声、职业病和职业中毒等方面的研究不断深入，安全系统工程学也有很大的发展。工程装置和控制技术的可靠性研究发展很快，工程设备故障诊断技术、安全评价技术以及防火、防爆和防毒的技术及手段都有了很大发展。

1. 危险性评价和安全工程

近年来一些大型企业为了防止重大灾难性事故，提出了不少安全评价方法。这些方法的核心内容是危险源辨识和危险性评价。所谓危险性是指在各类生产活动中造成人员伤亡和财产损失的潜在性原因，处理不当有可能发展成为事故。安全工程的目的是采取措施，使危险性发展成为事故的可能尽量减少。所以，这种评价也叫作危险性评价，通过确定被评价对象的危险状况，制定相应的安全技术措施。

2. 安全系统工程的开发和应用

安全系统工程学是系统工程理论和方法在安全技术领域应用派生出的一个新的学科。安全系统工程的开发和应用，使安全管理发生根本性的变化，把安全工程学提升到一个新的高度。

安全系统工程是把生产或作业中的安全作为一个整体系统，对设计、施工、操作、维修、管理、环境、生产周期和费用等构成系统的各个要素进行全面分析，确定各种状况的危险特点及导致灾难性事故的因果关系，进行定性和定量的分析和评价，从而对系统的安全性做出准确预测，使系统事故降至最低程度，在既定的作业、时间和费用范围内取得最佳的安全效果。

3. 人机工程学、劳动心理学和人体测量学的应用

由于多数工业事故都是由于人员失误造成的，因此在工业生产中，人的作用日益受到重视。围绕人展开的研究，如人机工程学、劳动心理学、人体测量学等方面都取得了较大的进展。

（1）人机工程学。人机工程学是现代管理科学的重要组成部分。它应用生物学、人类学、心理学、人体测量学和工程技术科学的成就，研究人与机器的关系，使工作效率达到最佳状态。人机工程学的主要研究内容如下：

①人机协作。人的优点是对工作状况有认知能力和适应能力，但容易受精神状态和情绪变化的支配。而且人易于疲劳，缺乏耐久性。机械则能持久运转，输出能量较大，但对故障和外界干扰没有自适应能力。人和机械都取其长、弃其短，密切配合，组成一个有机体，可以从根本上提高人机系统的安全性和可靠性，获得最佳工作效率。

②改善工作条件。人在高温、恶劣条件下容易失误，引发事故，改善工作条件则可以保证人身安全，提高工作效率。

③改进机具设施。机具设施的设计应该适合人体的生理特点，这样可以减少失误行为。比如按照以上人机工程学原理设计控制室和操作程序，可以强化安全，提高工作效率。

④提高工作技能。对操作者进行必要的操作训练，提高其操作技能，并根据操作技能水平选评其所承担的工作。

⑤因人制宜。研究特殊工种对劳动者体能和心智的要求，选派适宜的人员从事特殊工作。

（2）劳动心理学。劳动心理学是从心理学的角度研究照明、色调、音响、温度、湿度、家庭生活与劳动者劳动效率的关系，其主要内容如下。

①根据操作者在不同工作条件下的心理和生理变化情况，制定适宜的工作和作息制度，促进安全生产，提高劳动效率。

②发生事故时除分析设备、工艺、原材料、防护装置等方面存在的问题外，同时考虑事故发生前后操作者的心理状态，从而可以从技术上和管理上采取防范措施。

（3）人体测量学。人体测量学是通过人体的测量指导工作场所安全设计、劳动负荷和作息制度的确定以及有关的安全标准的制定。它需要测定人体各部分的相关尺寸，执行器官活动所及的范围。除了生理方面的测定外，还要进行心理方面的测试。人体测量学的成果为人机工程学、安全系统工程等现代安全技术科学所采用。

4. 化工安全技术的新进展

近年来，安全技术领域广泛应用各个技术领域的科学技术成果，在防火、防爆、防中毒、防止装置破损、预防工伤事故和环境污染等方面，都取得了较大发展，安全技术已发展成为一个独立的科学技术体系。人们对安全的认识不断深化，实现安全生产的方法和手段日趋完善。

①设备故障诊断技术和安全评价技术迅速发展，如无损探伤技术、红外热像技术在压力容器检测中的应用。

②监测危险状况、消除危险因素的新技术不断出现，如烟雾报警器、火焰监视器、感光报警器、可燃性气体检测报警仪、有毒气体浓度测定仪、噪声测定仪、电荷密度测定仪、嗅敏仪等仪器的投入使用和抗静电添加剂、工艺参数（压

力、温度、流速、液位）自动控制与超限保护装置的广泛采用等。

③救人灭火技术有了很大进展。高效能灭火剂、灭火机和自动灭火系统等方面取得了很大进展，如空中飞行悬挂机动系统灭火抢救设备等。

④预防职业危害的安全技术有了很大进步。在防尘、防毒、通风采暖、照明采光、噪声治理、振动消除、高频和射频辐射防护、放射性防护、现场急救等方面都取得了很大进展。

⑤化工生产和化学品贮运工艺安全技术、设施和器具等的操作规程及岗位操作法，化工设备设计、制造和安装的安全技术规范不断趋于完善，管理水平也有了很大提高。

第二节　安全科学技术应用基础理论

一、事故致因理论

几个世纪以来，人类主要是在发生事故后凭主观推断事故的原因，即根据事故发生后残留的关于事故的信息来分析、推论事故发生的原因及其过程。由于事故发生的随机性质，以及人们知识、经验的局限性，使得对事故发生机理的认识变得十分困难。

随着社会的发展、科学技术的进步，特别是工业革命以后工业事故频繁发生，人们在与各种工业事故斗争的实践中不断总结经验，探索事故发生的规律，相继提出了阐明事故为什么会发生、事故是怎样发生的以及如何防止事故发生的理论。由于这些理论着重解释事故发生的原因，以及针对事故致因因素如何采取措施防止事故，所以被称作事故致因理论。事故致因理论是指导事故预防工作的基本理论。

事故致因理论是指探索事故发生及预防规律，阐明事故发生机理，防止事故发生的理论。事故致因理论是用来阐明事故的成因、始末过程和事故后果，以便对事故现象的发生、发展进行明确的分析。

事故致因理论的出现，已有数十年历史，它是生产力发展到一定水平的产物。在生产力发展的不同阶段，生产过程中出现的安全问题有所不同，特别是随着生产方式的变化，人在生产过程中所处的地位发生变化，引起人们安全观念的变化，产生了反映安全观念变化的不同的事故致因理论。

（一）早期的事故致因理论

早期的事故致因理论一般认为事故的发生仅与一个原因或几个原因有关。20世纪初期，资本主义工业的飞速发展，使得蒸汽动力和电力驱动的机械取代了手工作坊中的手工工具，这些机械的使用大大提高了劳动生产率，但也增加了事故的发生率。因为当时设计的机械很少或者根本不考虑操作的安全和方便，几乎没有什么安全防护装置。工人没有受过培训，操作不熟练，加上长时间的疲劳作业，伤亡事故自然频繁发生。

1. 事故频发倾向概念

1919年，英国的格林伍德（m.Greenwood）和伍慈（H.H.Woods）对许多工厂里的伤亡事故数据中的事故发生次数按不同的统计分布进行了统计检验。结果发现，工人中的某些人较其他人更容易发生事故。从这种现象出发，后来法默（Far mer）等人提出了事故频发倾向的概念。所谓事故频发倾向是指个别人容易发生事故的、稳定的、个人的内在倾向。根据这种理论，工厂中少数工人具有事故频发倾向，是事故频发倾向者，他们的存在是工业事故发生的主要原因。如果企业里减少了事故频发倾向者，就可以减少工业事故。

因此，防止企业中事故频发倾向者是预防事故的基本措施。一方面通过严格的生理、心理检验等，从众多的求职者中选择身体、智力、性格特征及动作特征等方面优秀的人才就业；另一方面，一旦发现事故频发倾向者则将其解雇。显然，由优秀的人员组成的工厂是比较安全的。

2. 海因里希的事故法则

美国安全工程师海因里希（Heinrich）曾统计了55万件机械事故，其中死亡、重伤事故1 666件，轻伤48 334件，其余则为无伤害事故。海因里希从而得出一个重要结论，即在机械事故中，死亡、重伤事故与轻伤和无伤害事故的比例为1：29：300，国际上把这一法则叫事故法则。这个法则说明，在机械生产过程中，每发生330起意外事件，有300件未产生人员伤害，29件造成人员轻伤，1件导致重伤或死亡。对于不同的生产过程，不同类型的事故，上述比例关系不一定完全相同，但这个统计规律说明了在进行同一项活动中，无数次意外事件，必然导致重大伤亡事故的发生。而要防止重大事故的发生，必须减少和消除无伤害事故，要重视事故的苗子和未遂事故，否则终会酿成大祸。例如，某机械师企图用手把皮带挂到正在旋转的皮带轮上，因未使用拨皮带的杆，且站在摇晃的梯板上，又穿了一件宽大长袖的工作服，结果被皮带轮绞入碾死。事故调查结果表明，他这种上皮带的方法使用已有数年之久。查阅最近4年病志（急救上药记录），发现他有33次手臂擦伤后治疗处理记录，他手下工人均佩服他手段高明，结果还是导致死亡。这一事例说明，重伤和死亡事故虽有偶然性，但是在不安全因素或动作在事故发生之前已暴露过许多次的情况下，如果在事故发生之前，抓住时机，及时消除不安全因素，许多重大伤亡事故是完全可以避免的。

海因里希的工业安全理论是该时期的代表性理论。海因里希认为，人的不安全行为、物的不安全状态是事故的直接原因，企业事故预防工作的中心就是消除人的不安全行为和物的不安全状态。

海因里希的研究说明，大多数的工业伤害事故都是由于工人的不安全行为引起的。即使一些工业伤害事故是由于物的不安全状态引起的，则物的不安全状态的产生也是由于工人的缺点、错误造成的。因而，海因里希理论也和事故频发倾向论一样，把工业事故的责任归因于工人。从这种认识出发，海因里希进一步追究事故发生的根本原因，认为人的缺点来源于遗传因素和人员成长的社会环境。

（二）第二次世界大战后的事故致因理论

在第二次世界大战期间，已经出现了高速飞机、雷达和各种自动化机械等。为防止和减少飞机飞行事故而兴起的事故判定技术及人机工程等，对后来的工业事故预防产生了深刻的影响。事故判定技术最初被用于确定军用飞机飞行事故原因的研究。研究人员用这种技术调查了飞行员在飞行操作中的心理学和人机工程方面的问题，然后针对这些问题采取改进措施，防止发生操作失误。第二次世界大战后，这项技术被广泛应用于国外的工业事故预防工作中，作为一种调查研究不安全行为和不安全状态的方法，使得不安全行为和不安全状态在引起事故之前被识别和改正。

第二次世界大战期间使用的军用飞机速度快、战斗力强，但是它们的操纵装置和仪表非常复杂。飞机的操纵装置和仪表的设计往往超出人的能力范围，或者容易引起驾驶员误操作而导致严重事故。为防止飞行事故，飞行员要求改变那些看不清楚的仪表的位置，改变与人的能力不适合的操纵装置和操纵方法。这些要求推动了人机工程学的研究。

人机工程学是研究如何使机械设备、工作环境适应人的生理、心理特征，使人员操作简便、准确、失误少、工作效率高的学问。人机工程学的兴起标志着工业生产中人与机械关系的重大变化：以前是按机械的特性训练工人，让工人满足机械的要求，工人是机械的奴隶和附庸；现在是在设计机械时要考虑人的特性，使机械适合人的操作。从事故致因的角度，机械设备、工作环境不符合人机工程学要求可能是引起人失误、导致事故的原因。

第二次世界大战后，越来越多的人认为，不能把事故的责任简单地说成是工人的不注意，应该注重机械的、物质的危险性质在事故致因中的重要地位。于是，在事故预防工作中应强调实现生产条件、机械设备的安全。先进的科学技术和经济条件为此提供了物质基础和技术手段。

（三）近代事故致因理论简介

1. 能量转移理论

（1）能量转移理论的概念。事故能量转移理论是美国的安全专家哈登（Haddon）于1966年提出的一种事故控制论。其理论的立论依据是对事故本质的定义，即哈登把事故的本质定义为：事故是能量的不正常转移。这样，研究事故的控制的理论则从事故的能量作用类型出发，即研究机械能（动能和势能）、电能、化学能、热能、声能、辐射能的转移规律。研究能量转移作用的规律，即从能级的控制技术，研究能量转移的时间和空间规律。预防事故的本质是能量控制，可通过对系统能量的消除、限值、疏导、屏蔽、隔离、转移、距离控制、时间控制、局部弱化、局部强化、系统闭锁等技术措施来控制能量的不正常转移。

（2）能量的类型及其伤害。能量在人类的生产、生活中是必不可少的，人类利用各种形式的能量做功以实现预定的目的。人体自身也是一个能量系统，人的新陈代谢过程是一个吸收、转换、消耗能量，与外界进行能量交换的过程。人在进行生产、生活活动时消耗能量，当人体与外界的能量交换受到干扰时，即人体不能进行正常的新陈代谢时，人员将受到伤害，甚至死亡。人体受到超过其承受能力的各种形式能量作用时，受到的伤害情况见表1-1。

表1-1 能量类型与伤害

能量类型	产生的伤害	事故类型
机械能	刺伤、割伤、撕裂、挤压皮肤和肌肉、骨折、内部器官损伤	物体打击、车辆损伤、机械伤害、起重伤害、高处坠落、坍塌、冒顶片帮、放炮、火药爆炸、瓦斯爆炸、锅炉爆炸、压力容器爆炸
热 能	皮肤发炎、烧伤、烧焦、焚化、伤及全身	灼伤、火灾
电 能	干扰神经—肌肉功能、电伤	触电
化学能	化学性皮炎、化学性烧伤、致癌、致遗传突变、致畸胎、急性中毒、窒息	中毒和窒息、火灾

（3）能量观点的事故因果连锁 调查伤亡事故原因发现，大多数伤亡事故都是因为过量的能量，或干扰人体与外界正常能量交换的危险物质的意外释放引起的。并且几乎毫无例外地，这种过量的能量或危险物质的释放都是由于人的不安全行为或物的不安全状态造成。即人的不安全行为或物的不安全状态使得能量或危险物质失去了控制，是能量或危险物质释放的导火线。

美国矿山局的札别塔基斯（michael Zabe takis）依据能量转移理论，建立了新的事故因果连锁模型，如图1-1所示。

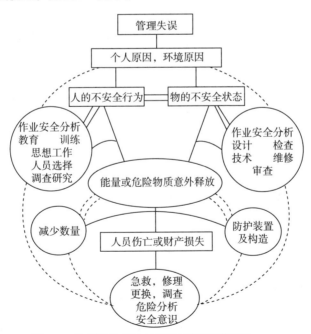

图1-1 能量转移理论的事故因果连锁模型

（4）防止能量转移的屏蔽措施。从能量转移论出发，预防伤害事故就是防止能量或危险物质的意外转移，防止人体与过量的能量或危险物质接触。我们把约束、限制能量，防止人体与能量接触的措施叫作屏蔽。这是一种广义的屏蔽。

在工业生产中，经常采用的防止能量转移的屏蔽措施主要有以下几种。

①用安全的能源代替不安全的能源。有时被利用的能源具有的危险性较高，这时可考虑用较安全的能源取代。例如，在容易发生触电的作业场所，用压缩空气动力代替电力，可以防止发生触电事故。但是应该注意，绝对安全的事物是没有的，以压缩空气作动力虽然避免了触电事故，而压缩空气管路破裂、脱落的软管抽打等都带来了新的危害。

②限制能量。在生产工艺中尽量采用低能量的工艺或设备，这样即使发生了意外的能量释放，也不致发生严重伤害。例如，利用低电压设备防止电击，限制设备运转速度以防止机械伤害，限制露天爆破装药量以防止个别飞石伤人等。

③防止能量蓄积。能量的大量蓄积会导致能量突然释放，因此要及时泄放多余的能量以防止能量蓄积。例如，通过接地消除静电蓄积，利用避雷针放电保护重要设施等。

④缓慢地释放能量。缓慢地释放能量可以降低单位时间内转移的能量，减轻能量对人体的作用。例如，各种减振装置可以吸收冲击能量，防止人员受到伤害。

⑤设置屏蔽设施。屏蔽设施是一些防止人员与能量接触的物理实体，即狭义的屏蔽。屏蔽设施可以被设置在能源上，例如安装在机械转动部分外面的防护罩；也可以被设置在人员与能源之间，例如安全围栏等。人员佩戴的个体防护用品，可被看作是设置在人员身上的屏蔽设施。

⑥在时间或空间上把能量与人隔离。在生产过程中也有两种或两种以上的能量相互作用引起事故的情况。例如，一台吊车移动的机械能作用于化工装置，使化工装置破裂而致有毒物质泄漏，引起人员中毒。针对两种能量相互作用的情况，我们应该考虑设置两组屏蔽设施：一组设置于两种能量之间，防止能量间的相互作用；另一组设置于能量与人之间，防止能量达及人体。

⑦信息形式的屏蔽。各种警告措施等信息形式的屏蔽，可以阻止人员的不安全行为或避免发生行为失误，防止人员接触能量。根据可能发生的意外释放的能量的大小，可以设置单一屏蔽或多重屏蔽，并且应该尽早设置屏蔽，做到防患于未然。

2．事故综合原因论

事故综合原因论简称综合论，它是综合论述事故致因的现代理论。综合论认为，事故的发生绝不是偶然的，而是有其深刻原因的，包括直接原因、间接原因和基础原因。事故是社会因素、管理因素和生产中的危险因素被偶然事件触发所造成的后果，可用下列公式表达：

生产中的危险因素+触发因素=事故

这种模式的结构如图1-2所示。

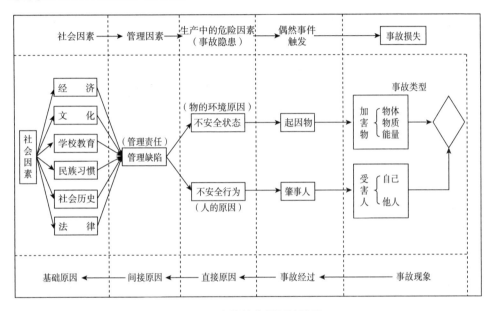

图1-2　事故综合原因论模型

事故的直接原因是指不安全状态（条件）和不安全行为（动作）。这些物质的、环境的以及人的原因构成生产中的危险因素（或称为事故隐患）。

所谓间接原因，是指管理缺陷、管理因素和管理责任。造成间接原因的因素称为基础原因，包括经济、文化、学校教育、民族习惯、社会历史、法律等。

所谓偶然事件触发，是指由于起因物和肇事人的作用，造成一定类型的事故和伤害的过程。

很显然，这个理论综合地考虑了各种事故现象和因素，因而比较正确，有利于各种事故的分析、预防和处理，是当今世界上最为流行的理论。美国、日本和我国都主张按这种模式分析事故。

事故的发生过程是：由"社会因素"产生"管理因素"，进一步产生"生产中的危险因素",通过偶然事件触发而发生伤亡和损失。

调查事故的过程则与此相反,应当通过事故现象,查询事故经过,进而依次了解其直接原因、间接原因和基础原因。

二、安全系统工程

安全系统工程作为现代安全管理的一种科学方法,至今已有数十年的历史,在我国已经得到广泛的研究、开发和应用。

安全系统工程是采用系统工程方法,识别、分析、评价系统中的危险性,根据其结果调整工艺、设备、操作、管理、生产周期和投资等因素,使系统可能发生的事故得到控制,并使系统安全性达到最好的状态。

安全系统工程的理论和方法是全面安全管理的科学基础。它的内容包括三个方面。

1. 系统安全分析

系统安全分析在安全系统工程中占有十分重要的地位。为了充分认识系统中存在的危险性,需要对系统进行细致的分析。只有分析得准确,才能在安全评价中得到正确答案。根据需要可以把分析进行到不同的深度,可以是初步的或详细的、定性的或定量的,每种深度都可以得出相应的答案,以满足不同项目、不同情况的要求。

系统安全分析方法很多。一般认为定性系统安全分析方法中,安全检查表、既能定性又能定量的故障类型和影响分析法、事件树分析法和事故树分析法四种较为实用。

2. 安全评价

系统安全分析的目的就是为了进行安全评价。通过分析了解系统中潜在的危险和薄弱环节之所在、发生事故的概率和可能的严重程度,这些都是评价的依据。

定性分析的结果只能用作定性评价,它能提供系统中危险性的大致情况,只有经过定量的评价才能充分发挥安全系统工程的作用。决策者可以根据评价的结果来选择技术路线。保险公司可以根据企业的不同安全性,规定其保险金额。领导和监察机关可以根据评价结果来督促企业改进安全状况。

安全系统评价的方法目前主要有两个:

①对系统的可靠性、安全性进行评价;

②利用生产过程中所需原料，即所谓的物质系数法进行评价。

3. 安全措施

根据评价的结果，可以对系统进行调整，对薄弱环节加以修正。

三、安全人机工程

人机工程学也叫人类工效学，它把人—机器（工具）—环境视为一个系统，协调人机关系，使人在操作中感到安全和舒适，使系统获得最高的效率。

人机工程学研究的范围包括：

（1）研究人和机器的合理分工以及相互适应的问题，即哪些工作适合于机器承担，哪些工作适合于人担任，两者如何相互配合。一般地说，单调的、规律性的复杂运算和笨重、精细的工艺宜于机器承担；设计、监督、突然事件的应急处理宜于人承担。根据人、机各自的特点，设计一个最佳系统，以获得最佳工效。

（2）机器系统中直接由人操作的机构、零件应适合人的使用。如显示器、操作器、机具、建筑与照明应适合人的操作和活动。人机工程学不是解决这些机具和结构的强度、刚度和稳定性的问题，而是向设计者提出人机学的参数和要求。例如，设备、用具与身高的比例，办公桌的高度，操作杆的角度，机器围栏的高度，显示器安装的高度等。

（3）为环境控制和生命保护系统提供设计要求和数据。在某些作业场所，作业者要经受尘、毒、噪声、振动、高温、辐射等伤害。为防止这些伤害和污染，必须设计相应的控制和防护设备，同时要考虑意外事故中人身的安全问题。人机工程学能向工程设计者提供人体能承受的极限参数和设计要求。

第三节　安全技术措施计划

生产经营单位为了保证安全资金的有效投入，应编制安全技术措施计划。

一、编制安全技术措施计划的依据

编制安全技术措施计划应以"安全第一，预防为主"的安全生产方针为指导思想，以《中华人民共和国安全生产法》（简称《安全生产法》）等法律法规、国家或行业标准为依据。目前主要依据有：1963年国务院颁布的《关于加强企业生产中安全工作的几项规定》；1956年劳动部、全国总工会颁布的《安全技术措施计划项目总名称表》；1977年国家计划委员会、财政部、劳动总局颁布的《关于加强有计划改善劳动条件工作的联合通知》；1979年国家计划委员会、国家经济贸易委员会、国家建设委员会颁布的《关于安排落实劳动保护措施经费的通知》；1979年国务院批转劳动总局、卫生部颁布的《关于加强厂矿企业防尘防毒工作的报告》及《中华人民共和国矿山安全法实施条例》等。

除此以外，编制安全技术措施计划还应依据本单位的实际情况，包括：在安全生产检查中发现而尚未解决的问题；针对可能引发伤亡事故和职业病的主要原因所应采取的技术措施；针对新技术、新工艺、新设备等应采取的安全技术措施；安全技术革新项目和职工提出的合理化建议等。

二、安全技术措施计划的项目

安全技术措施计划的项目包括改善劳动条件、防止事故、预防职业病、提高职工安全素质技术措施。主要有以下几个方面：

（1）工业卫生技术措施。指改善对职工身体健康有害的生产环境条件、防止职业中毒与职业病的技术措施，如防尘、防毒、防噪声与振动、通风、降温、防寒等装置或设施。

（2）减轻劳动强度等其他安全技术措施。

（3）辅助措施。指保证工业卫生方面所必需的房屋及一切卫生性保障措施，如尘毒作业人员的淋浴室、更衣室或存衣箱、消毒室、妇女卫生室等。

（4）安全宣传教育措施。指提高作业人员安全素质的有关宣传教育设备、仪器、教材和场所等，如劳动保护教育室，安全卫生教材、挂图、宣传画，培训室，安全卫生展览等。

安全技术措施计划的项目应按《安全技术措施计划项目总名称表》执行，以保证安全技术措施费用的合理使用。

三、编制安全技术措施计划的原则

（1）必要性和可行性原则。编制安全技术措施计划时，一方面要考虑安全生产的需要，另一方面还要考虑技术可行性与经济承受能力。

（2）自力更生与勤俭节约的原则。编制计划时，要注意充分利用现有的设备和设施，挖掘潜力，讲求实效。

（3）轻重缓急与统筹安排的原则。对影响最大、危险性最大的项目应预先考虑，逐步有计划地解决。

（4）领导和群众相结合的原则。加强领导，依靠群众，使安全技术措施计划切实可行，以便顺利实施。

四、安全技术措施计划的编制方法

（1）编制时间。年度安全技术措施计划应与同年度的生产、技术、财务、供销等计划同时编制。

（2）计划内容。编制安全技术措施计划一般包括几方面的内容：

①单位和工作场所；

②措施名称；

③措施内容与目的；

④经费预算及来源；

⑤负责设计、施工单位及负责人；

⑥措施使用方法及预期效果。

（3）编制安全技术措施的布置。企业领导应根据本单位具体情况向下属单位或职能部门提出具体要求，进行编制安全技术措施布置。

（4）计划项目的确定与编制。下属单位确定本单位的安全技术措施计划项目，并编制具体的计划和方案，经群众讨论后，送上级安全部门审查。

（5）计划的审批。安全部门将上报计划进行审查、平衡、汇总后，再由安全、技术、计划部门联合会审，并确定计划项目，明确设计施工部门、负责人、完成期限，成文后报厂总工程师审批。

（6）计划的下达。厂长根据总工程师的意见，召集有关部门和下属单位负责人审查、核定计划。根据审查、核定结果，与生产计划同时下达到有关部门贯彻执行。

五、安全技术措施计划的实施验收

安全技术措施计划落实到各有关部门和下属单位后，计划部门应定期检查。企业领导在检查生产计划的同时，应检查安全技术措施计划的完成情况。安全管理与安全技术部门应经常了解安全技术措施计划项目的实施情况，协助解决实施中的问题，及时汇报并督促有关单位按期完成。

已完成的计划项目要按规定组织竣工验收。竣工验收时一般应注意：所有材料、成品等必须经检验部门检验；外购设备必须有质量证明书；负责单位应向安全技术部门填报交工验收单，由安全技术部门组织有关单位验收；验收合格后，由负责单位持交工验收单向计划部门报完工，并办理财务结算手续；使用单位应建立台账，按《劳动保护设施管理制度》进行维护管理。

第四节　安全生产目标管理

安全生产目标管理是我国工业企业实行现代化管理的一项重要内容，有利于加强企业的全面管理。围绕企业总目标制定出安全目标与安全生产责任制和奖惩制度，把目标、职责、考核、奖惩融为一体，既便于管理又便于上级主管部门的检查和考核。目前，在厂长任期目标责任制、承包制、租赁经营制中都已广泛采用安全目标管理。

一、安全生产法规与安全生产

1. 安全生产法规的概念

安全生产法规是指调整在生产过程中产生的同劳动者或生产人员的安全与健康，以及生产资料和社会财富安全保障有关的各种社会关系的法律规范的总和。安全生产法规是国家法律体系中的重要组成部分。我们通常说的安全生产法规是对有关安全生产的法律、行政法规规章、规程、标准的总称。例如全国人大和国务院及有关部委、地方政府颁发的有关安全生产、职业安全卫生、劳动保护等方面的法律、行政法规、规程、决定、条例、规定、规则及标准等，都属于安全生产法规范畴。

2. 我国安全生产法律法规基本体系

安全生产是一个系统工程，需要建立在各种支持基础之上，而安全生产的法规体系尤为重要。按照"安全第一，预防为主"的安全生产方针，国家制定了一系列的安全生产、劳动保护的法规。据统计，中华人民共和国成立以来，颁布并在用的有关安全生产、劳动保护的主要法律法规有280余项，内容包括综合类、安全卫生类、"三同时"类、伤亡事故类、女工和未成年工保护类、职业培训考核类、特种设备类、防护用品类和检测检验类。其中以法的形式出现，对安全生产、劳动保护具有十分重要作用的是《中华人民共和国安全生产法》（2002年11月1日实施）、《中华人民共和国矿山安全法》（1993年5月1日实施）、《中华人民共和国劳动法》（1995年1月1日实施）、《中华人民共和国职业病防治法》（2002年5月1日实施），与此同时，国家还制定和颁布了数百项安全卫生方面的国家标准。

根据我国立法体系的特点，以及安全生产法规调整的范围不同，安全生产法律法规体系由若干层次构成。如图1-3所示，按层次由高到低为：国家根本法、国家基本法、劳动综合法、安全生产与健康基本法、专门安全法、行政法规、安全规章、安全标准。宪法为最高层次，各种安全基础标准、安全管理标准、安全技术标准为最低层次。

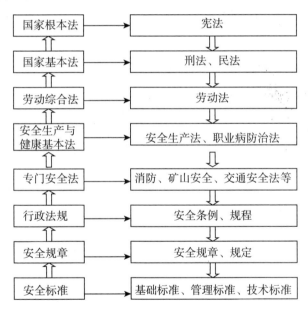

图1-3　安全生产法规体系及层次

3. 企业安全生产的组织管理

不同行业、不同规模的企业，安全工作的组织形式也不完全相同。企业应根据安全生产组织工作的具体要求，结合本企业的规模和性质，建立切合实际需求的本企业安全生产组织管理体系。图1-4所示为企业安全生产组织管理的一般网络结构，它主要由三大系统构成管理网络：安全工作指挥系统、安全检查系统和安全监督系统。

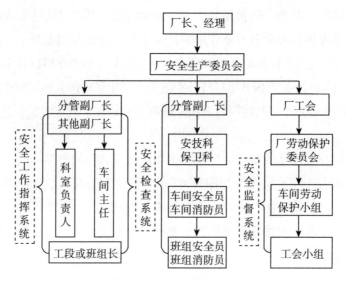

图1-4 企业安全生产组织管理工作网络

二、安全生产目标管理的内容与实施

1. 安全目标管理概述

（1）安全目标管理。企业在一个时期内围绕安全目标制定措施、考核细则，层层分解、落实，明确职责，定期考核，奖惩兑现，达到安全生产的目的。这种科学管理方法，即称为安全目标管理。

（2）安全目标内容。①工伤事故控制指标。有死亡率、重伤率、负伤频率、直接经济损失等。一般以千人死亡率、重伤率来计算事故指标。根据行业特点，也有以工作量来计算事故指标的。②工业卫生指标。主要有尘、毒、噪声治理的合格率。

（3）安全目标管理的作用。①合适的目标能够充分激励和调动全体职工的积极性、创造性，起到导向作用。②以数值为安全目标，责任明确，便于检查和考核，对企业和责任者起约束作用。③目标管理有利于加强企业全面计划管理，提高管理水平和经济效益，对安全工作科学化和职工素质的提高将起推动作用。

2. 安全目标的制定与实施

（1）安全目标的制定。制定安全目标的原则是根据行业主管部门下达的各项控制考核指标，结合本企业的生产特点，列出切实可行的安全生产目标。全面收集、了解、掌握外部信息和本系统内部资料，以此作为确定本企业安全目标的重要依据，使安全目标具有可靠性、可行性和可比性。安全目标管理程序如图1-5所示。

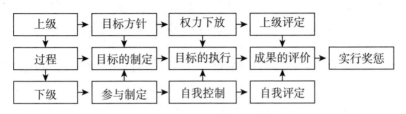

图1-5 安全目标管理程序

（2）实现安全目标的措施。安全目标确定后，要将目标、考核标准和奖惩细则横向展开，纵向分解，全方位、全过程地实行安全管理，并与单位和安全生产第一责任人的责、权、利挂钩。企业实现安全目标的展开与保障体系见图1-6。

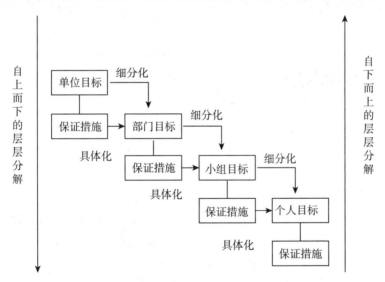

图1-6 安全目标的展开与保障体系

横向展开指党、团、工会组织及各业务部门，根据职责范围，围绕安全目标建立预防保证体系，制定出实现安全目标的保证措施。

安全目标纵向层层分解，直到采取保证措施为止。越接近个人，目标管理的效果越能起到"自我控制"作用。安全目标自上而下层层分解，实施措施由下往上一级保一级，确保总目标的实现。安全目标的横向展开和纵向展开分别见图1-7和图1-8。

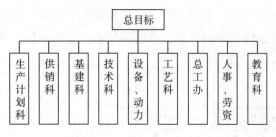

图1-7　安全目标横向展开图

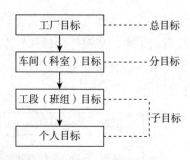

图1-8　安全目标纵向展开图

三、安全生产目标考核及奖惩

安全目标考核对个人转正、晋级、评比先进以及对企业升级、达标都具有否决权。这样，不但提高了安全管理工作在企业中的地位，而且促进各级领导和广大职工增强责任感，尽职尽责地把各类安全指标控制在最低限度之内，提高了尘毒治理合格率，不断改善劳动条件，保护了职工在生产过程中的安全和健康。

1. 安全目标考核

考核是对安全工作进行全面评价，肯定成绩，找出差距，在目标管理的全过程中更加完善优化管理，有效地控制事故发生。各级单位必须按考核标准定期考核。基层队（车间）对班组、大队对中队（车间）按月考核，厂（处级）对大队（科级）按季考核，总公司对直属单位按年考核。

年终由下往上层层总结，上报安全目标自我评价结果。上一级单位以年度安全目标考核细则为主要内容，对下级的安全工作做全面检查和考核。

2. 奖惩

为了有效地推动安全目标管理，企业和单位可以从企业年度奖金总额中提取一定比例作为奖励基金，该奖金由劳资、财务部门建立专账，主要用于安全生产的评比、表彰和奖励。安全生产奖励奖金由企业安全生产委员会制定出使用办法和实施细则，具体由安全部门掌握使用。

奖励能够调动职工积极性，激发职工更加饱满的工作热情，达到有效的自我控制，实现安全目标。

惩罚是为了教育职工自觉地遵守各项安全生产法规，约束违章行为，做到安全生产。奖惩严明是现代企业管理的重要手段。

第二章　机械安全生产技术

第一节　机械安全概述

机械是机器与机构的总称，是由若干相互联系的零部件按一定规律装配起来，能够完成一定功能的装置。机械设备在运行中，至少有一部分按一定的规律做相对运动。成套机械装置由原动机、控制操纵系统、传动机构、支承装置和执行机构组成。

机械是现代生产和生活中必不可少的装备。机械在给人们带来高效、快捷和方便的同时，在其制造及运行、使用过程中，也会带来强击、挤压、切割等机械伤害和触电、噪声、高温等非机械危害。

机械安全的任务是采取系统措施，在生产和使用机械的全过程中保障工作人员的安全和健康，使其免受各种不安全因素的危害。机械安全包括机械产品制造安全和机械设备使用安全两大方面的内容。

一、机械产品制造安全

（一）机械产品主要类别

机械产品种类极多，机械行业的主要产品如下：

（1）农业机械：拖拉机、内燃机、播种机、收割机械等。

（2）重型矿山机械：冶金机械、矿山机械、起重机械、装卸机械、工矿车辆、水泥设备等。

（3）工程机械：叉车、铲土运输机械、压实机械、混凝土机械等。

（4）石化通用机械：石油钻采机械、炼油机械、化工机械、泵、风机、阀门、气体压缩机、制冷空调机械、造纸机械、印刷机械、塑料加工机械、制药机械等。

（5）电工机械：发电机械、变压器、电动机、高低压开关、电线电缆、蓄电池、电焊机、家用电器等。

（6）机床：金属切削机床、锻压机械、铸造机械、木工机械等。

（7）汽车：载货汽车、公路客车、轿车、改装汽车等。

（8）仪器仪表：自动化仪表、电工仪器仪表、光学仪器、成分分析仪、汽车仪器仪表、电料装备、电教设备、照相机等。

（9）基础机械：轴承、液压件、密封件、粉末冶金制品、标准紧固件、工业链条、齿轮、模具等。

（10）包装机械：包装机械、金属制包装物品、金属集装箱等。

（11）环保机械：水污染防治设备、大气污染防治设备、固体废物处理设备等。

（12）其他机械。

非机械行业的主要产品包括铁道机械、建筑机械、纺织机械、轻工机械、船舶机械等。

（二）机械安全设计与机器安全装置

机械安全包括设计、制造、安装、调整、使用、维修、拆卸等各阶段的安全。安全设计可最大限度地减小风险。机械安全设计是指在机械设计阶段，从零件材料到零部件的合理形状和相对位置，从限制操纵力、运动件的质量和速度到减少噪声和振动，采用本质安全技术与动力源，应用零部件间的强制机械作用原理，结合人机工程学原则等多项措施，通过选用适当的设计结构，尽可能避免或减小危险；也可以通过提高设备的可靠性、操作机械化或自动化以及实行在危险区之外的调整、维修等措施，避免或减小危险。

1. 本质安全

本质安全是通过机械的设计者，在设计阶段采取措施来消除机械危险的一种机械安全方法。

（1）采用本质安全技术。本质安全技术是指利用该技术进行机械预定功能的设计和制造，不需要采用其他安全防护措施，就可以在预定条件下执行机械的预定功能时满足机械自身的安全要求。本质安全技术包括避免锐边、尖角和凸出部分；保证足够的安全距离，确定有关物理量的限值；使用本质安全工艺过程和动力源。

（2）限制机械应力。机械零件的机械应力不超过许用值，并保证足够的安全系数。

（3）材料和物质的安全性。用以制造机械的材料、燃料和加工材料在使用期间不得危及人员的安全或健康。材料的力学特性，如抗拉强度、抗剪强度、冲击韧性、屈服极限等，应能满足执行预定功能的载荷作用要求；材料应能适应预定的环境条件，如有抗腐蚀、耐老化、耐磨损的能力；材料应具有均匀性，防止由于工艺设计不合理，使材料的金相组织不均匀而产生残余应力；同时，应避免采用有毒的材料或物质，应能避免机械本身或由于使用某种材料而产生的气体、液体、粉尘、蒸气或其他物质造成的火灾和爆炸危险。

（4）履行安全人机工程学原则。在机械设计中，通过在合理分配人机功能、适应人体特性、人机界面设计、作业空间的布置等方面履行安全人机工程学原则，提高机械设备的操作性和可靠性，使操作者的体力消耗和心理压力降到最低，从而减小操作差错。

（5）设计控制系统的安全原则。机械在使用过程中，典型的危险工况有意外启动、速度变化失控、运动不能停止、运动机械零件或工件脱落飞出、安全装置的功能受阻等。控制系统的设计应考虑各种作业的操作模式或采用故障显示装置，使操作者可以安全地处理。

（6）防止气动和液压系统的危险。采用气动、液压、热能等装置的机械，必须通过设计来避免由于这些能量意外释放而带来的各种潜在危害。

（7）预防电气危害。用电安全是机械安全的重要组成部分，机械中电气部分应符合有关电气安全标准的要求。预防电气危害应注意防止电击、短路、过载和静电。

设计中，还应考虑到提高设备的可靠性，降低故障率，以降低操作者查找故障和检修设备的概率；还应采用机械化和自动化技术，尽量使操作人员远离有危险的场所；还应考虑到调整、维修的安全，以减少操作者进入危险区的需要。

2. 失效安全

设计者应该保证当机器发生故障时不出危险。相关装置包括操作限制开关、限制不应该发生的冲击及运动的预设制动装置、设置把手和预防下落的装置、失效安全的紧急开关等。

3. 定位安全

把机器的部件安置到不可能触及的地点，通过定位达到安全。但设计者必须考虑到在正常情况下不会触及的危险部件，而在某些情况下会变成可以接触到的可能，例如登上梯子对机器维修等情况。

4. 机器布置

车间合理的机器安全布局可以使事故明显减少。安全的布局要考虑以下因素。

（1）空间：便于操作、管理、维护、调试和清洁。

（2）照明：包括工作场所的通用照明（自然光及人工照明，但要防止炫目）和为操作机器而特需的照明。

（3）管、线布置：不要妨碍在机器附近的安全出入，避免磕绊，有足够的上部空间。

（4）维护时的出入安全。

5. 机器安全装置

机器安全装置包括以下几项内容：

（1）固定安全装置。在可能的情况下，应该设置防止接触机器危险部件的固定的安全装置。装置应能自动地满足机器运行的环境及过程条件。装置的有效性取决于其固定的方法和开口的尺寸，以及在其开启后距危险点有足够的距离。安全装置应设计成只有用诸如改锥、扳手等专用工具才能拆卸的装置。

（2）连锁安全装置。连锁安全装置的基本原理是，只有当安全装置关合时，机器才能运转；而只有当机器的危险部件停止运动时，安全装置才能开启。连锁安全装置可采取机械的、电气的、液压的、气动的或组合的形式。在设计连锁装置时，必须使其在发生任何故障时，都不使人员暴露在危险之中。

（3）控制安全装置。要求机器能迅速地停止运动，可以使用控制装置。控制装置的原理是，只有当控制装置完全闭合时，机器才能开动。当操作者接通控制装置后，机器的运行程序才开始工作；如果控制装置断开，机器的运动就会迅速停止或者反转。通常，在一个控制系统中，控制装置在机器运转时不会锁定在闭合的状态。

（4）自动安全装置。自动安全装置的机制是把暴露在危险中的人体从危险区域中移开。它仅能使用在有足够的时间来完成这样的动作而不会导致伤害的环境下，因此，仅限于在低速运动的机器上采用。

（5）隔离安全装置。隔离安全装置是一种阻止身体的任何部分靠近危险区域的设施，例如固定的栅栏等。

（6）可调安全装置。在无法实现对危险区域进行隔离的情况下，可以使用部分可调的固定安全装置。只要准确使用、正确调节以及合理维护，即能起到保护操作者的作用。

（7）自动调节安全装置。自动调节安全装置由于工件的运动而自动开启，当操作完毕后又回到关闭的状态。

（8）跳闸安全装置。跳闸安全装置的作用是，在操作到危险点之前，自动使机器停止或反向运动。该类装置依赖于敏感的跳闸机构，同时也有赖于机器能够迅速停止（使用刹车装置可以做到这一点）。

（9）双手控制安全装置。这种装置迫使操纵者要用两只手来操纵控制器，但是它仅能对操作者而不能对其他有可能靠近危险区域的人提供保护。因此，还要设置能为所有的人提供保护的安全装置。当使用这类装置时，其两个控制之间应有适当的距离，而机器也应当在两个控制开关都开启后才能运转，而且控制系统需要在机器的每次停止运转后重新启动。

二、机械设备使用安全

机械设备种类繁多。机械设备在运行时，其一些部件甚至其本身都在做不同形式的机械运动。机械设备由驱动装置、变速装置、传动装置、工作装置、制动装置、防护装置、润滑系统和冷却系统等部分组成。

（一）机械设备的危险部位

机械设备可造成碰撞、夹击、剪切、卷入等多种伤害。其主要危险部位如下。

（1）旋转部件和成切线运动部件间的咬合处，如动力传输皮带和皮带轮、链条和链轮、齿条和齿轮等。

（2）旋转的轴，包括连接器、心轴、卡盘、丝杠、图形心轴和杆等。

（3）旋转的凸块和孔处。含有凸块或空洞的旋转部件是很危险的，如风扇叶、凸轮、飞轮等。

（4）对向旋转部件的咬合处，如齿轮、轧钢机、混合辊等。

（5）旋转部件和固定部件的咬合处，如辐条手轮或飞轮和机床床身、旋转搅拌机和无防护开口外壳搅拌装置等。

（6）接近类型，如锻锤的锤体、动力压力机的滑枕等。

（7）通过类型，如金属刨床的工作台及其床身、剪切机的刀刃等。

（8）单向滑动，如带铝边缘的齿、砂带磨光机的研磨颗粒、凸式运动带等。

（9）旋转部件与滑动之间，如某些平板印刷机面上的机构、纺织机床等。

（二）机械安全措施

1. 机械安全措施类别

为了保证机械设备的安全运行和操作工人的安全和健康，所采取的安全措施一般可分为直接、间接和指导性三类。

（1）直接安全技术措施是在设计机器时，考虑消除机器本身的不安全因素。

（2）间接安全技术措施是在机械设备上采用和安装各种安全有效的防护装置，克服在使用过程中产生的不安全因素。

（3）指导性安全技术措施是制定机器安装、使用、维修的安全规定及设置标志，以提示或指导操作程序从而保证安全作业。

2. 传动装置的防护

机床上常见的传动机构有齿轮啮合机构、皮带传动机构、联轴器等。这些机构高速旋转着，人体某一部位有可能被带进去而造成不幸事故，因而有必要把传动机构的危险部位加以防护，以保护操作者的安全。

在齿轮传动机构中，两轮开始啮合的地方最危险，如图2-1所示。

在皮带传动机构中，皮带开始进入皮带轮的部位最危险，如图2-2所示。

联轴器上裸露的突出部分有可能钩住工人衣服等，对工人造成伤害，如图2-3所示。

 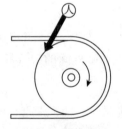 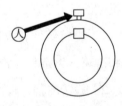

图2-1　齿轮传动　　　图2-2　皮带传动　　　图2-3　联轴器

所有上述危险部位都应可靠地加以保护，目的是把它与工人隔开，从而保证工人的安全。

（1）齿轮啮合传动的防护。啮合传动有齿轮（直齿轮、斜齿轮、伞齿轮、齿轮齿条）啮合传动、蜗轮蜗杆、链条传动等。

齿轮传动机构必须装置全封闭型的防护装置。应该强调的是，机器外部绝不允许有裸露的啮合齿轮，不管啮合齿轮处在何种位置，因为即使啮合齿轮处在操作工人不常到的地方，但工人在维护保养机器时有可能与其接触而带来不必要的伤害。在设计和制造机器时，应尽量将齿轮装入机座内，而不使其外露。对于一些历史遗留下来的老设备，如发现啮合齿轮外露，就必须进行改造，加上防护罩。齿轮传动机构没有防护罩不得使用。

防护装置的材料可用钢板或有金属骨架的铁丝网，必须坚固牢靠，并保证在机器运行过程中不发生振动。要求装置合理，防护罩的外壳与传动机构的外形相符，同时要便于开启，便于机器的维护保养，即要求能方便地打开和关闭。为了引起工人的注意，防护罩内壁应涂成红色，最好装电气连锁，使得防护装置在开启的情况下机器永远停止运转。另外，防护罩本身不应有尖角和锐利部分，并尽量使之既不影响机器的美观，又起到安全作用。

（2）皮带传动机械的防护。皮带传动的传动比精确度较齿轮啮合的传动比精确度差，但是当过载时，皮带打滑，起到了过载保护作用。皮带传动机构传动平稳、噪声小、结构简单、维护方便，因此广泛应用于机械传动中。但是，由于皮带因摩擦后易产生静电放电现象，故不能用于容易发生燃烧或爆炸的场所。

皮带传动机构的危险部分是皮带接头处、皮带进入皮带轮的地方，如图2-4中箭头所指部分，因此要加以防护。

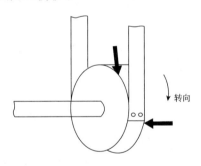

图2-4　皮带传动危险部位

皮带防护罩与皮带的距离不要小于50 mm，设计要合理，不要影响机器的运行。一般传动机构离地面2 m以下，要设防护罩。但在下列三种情况下，即使在2 m以上也应加以防护：皮带轮之间的距离在3 m以上，皮带宽度在15 cm以上，皮带回转的速度在每分钟9 m以上。这样，万一皮带断裂，也不至于伤人。

皮带的接头一定要牢固可靠，安装皮带要做到松紧适宜。皮带传动机构的防护方法可采用将皮带全部遮盖起来的方法，或采用防护栏杆防护。

（3）联轴器等的防护。一切突出于轴面而不平滑的东西（键、固定螺钉等）均增加了轴的危险因素。联轴器上突出的螺钉、销、键等均可能给工人带来伤害。因此对联轴器的安全要求是没有突出的部分，即采用安全联轴器。但这样还没有彻底排除隐患，根本的办法就是加防护罩，最常见的是"Ω"形防护罩。

轴上的键及固定螺钉必须加以防护，为了保证安全，螺钉一般应采用沉头螺钉，使之不突出轴面，而增设防护装置则更加安全。

三、机械伤害类型及对策

（一）机械伤害类型

机械装置在运行过程中存在两大类不安全因素。一类是机械危害，包括夹挤、碾压、剪切、切割、缠绕或卷入、戳扎或刺伤、摩擦或磨损、飞出物打击、高压流体喷射、碰撞或跌落等危害；另一类是非机械危害，包括电气危害、噪声危害、振动危害、辐射危害、温度危害等。

在机械行业，存在以下主要的危险和危害。

（1）物体打击：是指物体在重力或其他外力的作用下产生运动，打击人体而造成人身伤亡事故。不包括主体机械设备、车辆、起重机械、坍塌等引发的物体打击。

（2）车辆伤害：是指企业机动车辆在行驶中引起的人体坠落和物体倒塌、飞落、挤压伤亡事故。不包括起重提升、牵引车辆和车辆停驶时发生的事故。

（3）机械伤害：是指机械设备运动或静止部件、工具、加工件直接与人体接触引起的挤压、碰撞、冲击、剪切、卷入、绞绕、甩出、切割、切断、刺扎等伤害。不包括车辆、起重机械引起的伤害。

（4）起重伤害：是指各种起重作业（包括起重机械安装、检修、试验）中发生的挤压、坠落、物体（吊具、吊重物）打击等。

（5）触电：包括各种设备、设施的触电，电工作业时触电，雷击等。

（6）灼烫：是指火焰烧伤、高温物体烫伤、化学灼伤（酸、碱、盐、有机物引起的体内外的灼伤）、物理灼伤（光、放射性物质引起的体内外的灼伤）。不包括电灼伤和火灾引起的烧伤。

（7）火灾：包括火灾引起的烧伤和死亡。

（8）高处坠落：是指在高处作业中发生坠落造成的伤害事故。不包括触电坠落事故。

（9）坍塌：是指物体在外力或重力作用下，超过自身的强度极限或因结构稳定性破坏而造成的事故。如挖沟时的土石塌方、脚手架坍塌、堆置物倒塌、建筑物坍塌等。不包括矿山冒顶片帮和车辆、起重机械、爆破引起的坍塌。

（10）火药爆炸：是指火药、炸药及其制品在生产、加工、运输、储存中发生的爆炸。

（11）化学性爆炸：是指可燃性气体、粉尘等与空气混合形成爆炸混合物，接触引爆源发生的爆炸事故（包括气体分解、喷雾爆炸等）。

（12）物理性爆炸：包括锅炉爆炸、容器超压爆炸等。

（13）中毒和窒息：包括中毒、缺氧窒息、中毒性窒息。

（14）其他伤害：是指除上述以外的伤害，如摔、扭、挫、擦等伤害。

就机械零件而言，对人产生伤害的因素有以下几类。

（1）形状和表面性能：切割要素、锐边、利角部分、粗糙或过于光滑。

（2）相对位置：相对运动，运动与静止物的相对距离小。

（3）质量和稳定性：在重力的影响下可能运动的零部件的位能。

（4）质量、速度和加速度：可控或不可控运动中的零部件的动能。

（5）机械强度不够：零件、构件的断裂或垮塌。

（6）弹性元件的位能：在压力或真空下的液体或气体的位能。

机械装置在任何状态下都可能发生危险。

（1）正常工作状态。机械在完成预定功能的正常工作状态下，存在着不可避免的但却是执行预定功能所必须具备的运动要素，有可能产生危害后果。例如，大量零部件的相对运动，锋利刀具的运转，机械运转的噪声、振动等，使机械在正常工作状态下存在碰撞、切割、环境恶化等对人员安全不利的危险因素。

（2）非正常工作状态。非正常工作状态是指在机械运转过程中，由于各种原因引起的意外状态，包括故障状态和检修保养状态。设备的故障，不仅可能造成局部或整机的停转，还可能对人员构成危险，如电气开关故障，会产生机械不能停机的危险；砂轮片破损，会导致砂轮飞出造成物体打击；速度或压力控制系统出现故障，会导致速度或压力失控的危险等。机械的检修保养一般都是在停机状态下进行的，但其作业的特殊性往往迫使检修人员采用一些非常规的做法，例如，攀高、进入狭小或几乎密闭的空间、将安全装置短路、进入正常操作不允许进入的危险区等，使维护或修理过程容易出现正常操作不存在的危险。

（3）非工作状态。机械停止运转处于静止状态时，在正常情况下，机械基本是安全的，但不排除发生事故的情况，如由于环境照度不够而导致人员发生碰撞事故、室外机械在风力作用下的滑移或倾翻、结构垮塌等。

（二）机械伤害预防的对策

机械危害风险的大小除取决于机器的类型、用途、使用方法和人员的知识、技能、工作态度等因素外，还与人们对危险的了解程度和所采取的避免危险的技能有关。正确判断什么是危险和什么时候会发生危险是十分重要的。预防机械伤害包括两方面的对策。

1. 实现机械安全

实现机械安全要做好以下几项工作：

（1）消除产生危险的原因。

（2）减少或消除接触机器的危险部件的需求。

（3）使人们难以接近机器的危险部位（或提供安全装置，使得接近这些部位不会导致伤害）。

（4）提供保护装置或者防护服。

2. 保护操作者和有关人员安全

要保护操作者和有关人员的安全，可以采取以下几种措施：

（1）通过培训来提高人们辨别危险的能力。

（2）通过对机器的重新设计，使危险更加醒目（或者使用警示标志）。

（3）通过培训，提高避免伤害的能力。

（4）增强采取必要的行动来避免伤害的自觉性。

（三）通用机械安全设施的技术要求

1. 设置、设计安全设施、安全装置考虑的因素

设计安全装置时，要把人的因素考虑在内。疲劳是导致事故的一个重要因素，设计者要考虑下面的几个因素，使人的疲劳降低到最小的程度。

（1）合理布置各种控制操作装置。

（2）正确选择工作平台的位置及高度。

（3）提供座椅。

（4）出入作业地点要方便。

在无法用设计来做到本质安全时，为了消除危险，要使用安全装置。设置安全装置时，要考虑四方面的因素。

（1）强度、刚度、稳定性和耐久性。

（2）对机器可靠性的影响，例如固体的安全装置有可能使机器过热。

（3）可视性（从操作及安全的角度来看，有可能需要机器的危险部位有良好的可见性）。

（4）对其他危险的控制，例如选择特殊的材料来控制噪声的强度。

2. 机械安全防护装置的一般要求

机械安全防护装置有以下几项要求：

（1）安全防护装置应结构简单、布局合理，不得有锐利的边缘和凸缘。

（2）安全防护装置应具有足够的可靠性，在规定的寿命期限内有足够的强度、刚度、稳定性、耐腐蚀性、抗疲劳性，以确保安全。

（3）安全防护装置应与设备运转连锁，保证安全防护装置未起作用之前，设备不能运转；安全防护罩、屏、栏的材料及其至运转部件的距离，应符合《机械安全防护装置：固定式和活动式防护装置设计与制造一般要求》（GB/t 8196—2008）的规定。

（4）光电式、感应式等安全防护装置应设置自身出现故障的报警装置。

（5）紧急停车开关应保证瞬时动作时，能中止设备的一切运动，对有惯性运动的设备，紧急停车开关应与制动器或离合器连锁，以保证迅速终止运行。

（6）紧急停车开关的形状应区别于一般开关，颜色为红色。

（7）紧急停车开关的布置应保证操作人员易于触及，不发生危险。

（8）设备由紧急停车开关停止运行后，必须按启动顺序重新启动才能重新运转。

3. 对机械设备安全防护罩、网的技术要求

（1）对机械设备安全防护罩的技术要求

①只要操作工可能触及的活动部件，在防护罩没闭合前，传动部件就不可能运转。

②采用固定防护罩时，操作工触及不到运转中的活动部件。

③防护罩与活动部件有足够的间隙，避免防护罩和活动部件之间的任何接触。

④防护罩应牢固地固定在设备或基础上，拆卸、调节时必须使用工具。

⑤开启式防护罩打开时或一部分失灵时，应使活动部件不能运转或运转中的部件停止运动。

⑥使用的防护罩不允许给生产场所带来新的危险。

⑦不影响操作，在正常操作或维护保养时不需拆卸防护罩。

⑧防护罩必须坚固可靠，以避免与活动部件接触造成损坏和工件飞脱导致的伤害。

⑨一般防护罩不被脚踏和站立必须做平台或阶梯时，应能承受1 500N的垂直力，并采取防滑措施。

（2）对机械设备安全防护网的技术要求

防护罩应尽量采用封闭结构，当现场需要采用网状结构时，应满足GB/ t 8196—2008《机械设备防护罩安全要求》对不同网眼开口尺寸的安全距离（防护罩外缘与危险区域——人体进入后，可能引起致伤危险的空间区域）间的直线距离的规定，见表2-1。

表2-1　不同网眼开口尺寸的安全距离

防护人体通过部位	网眼开口宽度/ mm（直径及边长或椭圆形孔短轴尺寸）	安全距离/ mm
手指尖	<6.5	≥35
手指	<12.5	≥92
手掌（不含第一掌指关节）	<20	≥135
上肢	<47	≥460
足尖	<76（罩底部与报站面间隙）	150

第二节　通用机械安全生产技术

通用机械是各行业机械加工的基础设备，主要有金属切削机床、锻压机械、冲剪压机械、起重机械、铸造机械、木工机械、农业机械等。

一、金属切削机床及砂轮机

金属切削机床是用切削方法将毛坯加工成机器零件的装备。金属切削机床上装卡被加工工件和切削刀具，带动工件和刀具进行相对运动。在相对运动中，刀具从工件表面切去多余的金属层，使工件成为符合预定技术要求的机器零件。图2-5为金属切削机床示意图。

图2-5　金属切削机床

（一）金属切削机床的常见事故和危害因素

1. 常见事故

（1）设备接地不良、漏电，照明没采用安全电压，发生触电事故。

（2）旋转部位楔子、销子突出，没加防护罩，易绞缠人体。

（3）清除铁屑无专用工具，操作者未戴护目镜，发生刺割事故及崩伤眼球。

（4）加工细长杆轴料时尾部无防弯装置或托架，导致长料甩击伤人。

（5）零部件装卡不牢，可飞出击伤人体。

（6）防护保险装置、防护栏、保护盖不全或维修不及时，造成绞伤、碾伤。

（7）砂轮有裂纹或装卡不合规定，发生砂轮碎片伤人事故。

（8）操作旋转机床戴手套，易发生绞手事故。

2. 机床的危害因素

机床的危害因素是指机床部件的相对运动对人体造成碰撞、夹击、剪切、卷入等伤害形式的灾害性因素。

（1）静止部件的危害因素。

①切削刀具与刀刃。

②突出较长的机械部分。

③毛坯、工具和设备边缘锋利飞边及表面粗糙部分。

④引起滑跌坠落的工作台。

（2）旋转部件的危害因素。单旋转部分：轴、凸块和孔、研磨工具和切削刀具。

（3）内旋转咬合。

①对向旋转部件的咬合。

②旋转部件和成切线运动部件面的咬合。

③旋转部件和固定部件的咬合。

（4）往复运动或滑动的危害

①单向运动。

②往复运动或滑动相对固定部分：接近类型，通过类型。

③旋转部件与滑动之间。

④振动。

⑤其他危害因素：飞出的装夹具或机械部件、飞出的切屑或工件、运转着的工件打击或绞轧的伤害。

（二）机床运转异常状态

机床正常运转时，各项参数均稳定在允许范围内；当各项参数偏离了正常范围，就预示系统或机床本身或设备某一零件、部位出现故障，必须立即查明变化原因，防止事态发展引起事故。常见的异常现象有以下几种：

（1）温升异常。常见于各种机床所使用的电动机及轴承齿轮箱。温升超过允许值时，说明机床超负荷或零件出现故障，严重时能闻到润滑油的恶臭和看到白烟。

（2）机床转速异常。机床运转速度突然超过或低于正常转速，可能是由于负荷突然变化或机床出现机械故障。

（3）机床在运转时出现振动和噪声。机床由于振动而产生的故障率占整个故障的60%～70%。其原因是多方面的，包括机床设计不良、机床制造缺陷、安装缺陷、零部件动作不平衡、零部件磨损、缺乏润滑、机床中进入异物等。

（4）机床出现撞击声。零部件松动脱落、进入异物、转子不平衡。

（5）机床的输入输出参数异常。表现在：加工精度变化；机床效率变化（如泵效率），机床消耗的功率异常；加工产品的质量异常，如球磨机粉碎物的粒度变化；加料量突然降低，说明生产系统有泄漏或堵塞；机床带病运转时输出改变等方面。

（6）机床内部缺陷。出现裂纹、绝缘质量下降、由于腐蚀而引起的缺陷。

以上种种现象，都是事故的前兆和隐患。事故预兆除利用人的听觉、视觉和感觉可以检测到一些明显的现象（如冒烟、噪声、振动、温度变化等）外，主要应使用安装在生产线上的控制仪器和测量仪表或专用测量仪器。

（三）运动机械中易损件的故障检测

一般机械设备本体出现的故障较少，容易损坏的零件称为易损件，运动机械的故障往往都是指易损件的故障，提高易损件的质量和使用寿命是预防事故的重要任务。

（1）零部件故障检测的重点。检测的重点包括传动轴、轴承、齿轮、叶轮，其中滚动轴承和齿轮的损坏更为普遍。

（2）滚动轴承的损伤现象及故障。损伤现象：滚珠砸碎、断裂、压坏、磨损、化学腐蚀、电腐蚀、润滑油结污、烧结、生锈、保持架损坏、裂纹等；检测的参数：振动、噪声、温度、磨损残余物分析、间隙。

（3）齿轮装置故障。齿轮的损伤（包括齿和齿面损伤）：齿轮本体损伤，轴、键、接头、联轴器的损伤，轴承的损伤；检测的参数：噪声、振动增大，齿轮箱漏油、发热。

（四）金属切削机床常见危险因素的控制措施

（1）设备可靠接地，照明采用安全电压。

（2）楔子、销子不能突出表面。

（3）用专用工具，戴护目镜。

（4）尾部安装防弯装置及设料架。

（5）零部件装卡牢固。

（6）及时维修安全防护、保护装置。

（7）选用合格砂轮，装卡合理。

（8）加强检查，杜绝违章现象，穿戴好劳动保护用品。

（五）砂轮机的安全技术

砂轮机是机械工厂最常用的机器设备之一，各个工种都可能用到它。砂轮质脆易碎、转速高、使用频繁、极易伤人。它的安装位置是否合理、是否符合安全要求，它的使用方法是否正确、是否符合安全操作规程，这些问题都直接关系到每一位职工的人身安全，因此在实际使用中必须引起足够的重视。图2-6为砂轮机示意图。

图2-6　砂轮机

1. 砂轮机安装过程中的注意事项

（1）安装位置的选择。砂轮机禁止安装在正对着附近设备及操作人员或经常有人过往的地方，较大的车间应设置专用的砂轮机房。如果因厂房地形的限制不能设置专用的砂轮机房，则应在砂轮机正面装设不低于1.8 m高度的防护挡板，并且挡板要求牢固有效。

（2）砂轮的静平衡。砂轮的不平衡造成的危害主要表现在两个方面：一方面在砂轮高速旋转时，引起振动；另一方面，不平衡加速了主轴轴承的磨损，严重时会造成砂轮的破裂，造成事故。因此，要求直径大于或等于200 mm的砂轮装上法兰盘后应先进行静平衡调试，砂轮在经过整形修整后或在工作中发现不平衡时，应重复进行静平衡。

（3）砂轮与卡盘的匹配。匹配问题主要是指卡盘与砂轮的安装配套问题。按标准要求，砂轮法兰盘直径不得小于被安装砂轮直径的1/3，且规定砂轮磨损到直径比法兰盘直径大10 mm时应更换新砂轮。此外，在砂轮与法兰盘之间还应加装直径大于卡盘直径2 mm，厚度为1～2 mm的软垫。

（4）砂轮机的防护罩。防护罩是砂轮机最主要的防护装置，其作用是：当砂轮在工作中因故破坏时，能够有效地罩住砂轮碎片，保证人员的安全。砂轮防护罩的开口角度在主轴水平面以上不允许超过90°；防护罩的安装要牢固可靠，不得随意拆卸或丢弃不用。

防护罩在主轴水平面以上开口大于等于30°时必须设挡屑屏板，以遮挡磨削飞屑伤及操作人员。它安装于防护罩开口正端，宽度应大于砂轮防护罩宽度，并且应牢固地固定在防护罩上。此外，砂轮圆周表面与挡板的间隙应小于6 mm。

（5）砂轮机的工件托架。托架是砂轮机常用的附件之一，砂轮直径在150 mm以上的砂轮机必须设置可调托架。砂轮与托架之间的距离应小于被磨工件最小外形尺寸的1/2，但最大不应超过3 mm。

（6）砂轮机的接地保护。砂轮机的外壳必须有良好的接地保护装置。

2. 使用砂轮机的安全要求

（1）禁止侧面磨削。按规定用圆周表面做工作面的砂轮不宜使用侧面进行磨削，砂轮的径向强度较大，而轴向强度很小，操作者用力过大会造成砂轮破碎，甚至伤人。

（2）不准正面操作。使用砂轮机磨削工件时，操作者应站在砂轮的侧面，不得在砂轮的正面进行操作，以免砂轮出故障时，砂轮破碎飞出伤人。

（3）不准共同操作。2人共用1台砂轮机同时操作是一种严重的违章操作行为，应严格禁止。

二、锻压与冲剪机械

（一）锻压机械

1. 锻压机械的危险因素

图2-7　锻压机床

锻造是金属压力加工的方法之一，它是机械制造生产中的一个重要环节。根据锻造加工时金属材料所处温度状态的不同，锻造又可分为热锻、温锻和冷锻。热锻是指被加工的金属材料处在红热状态（锻造温度范围内），通过锻造设备对金属施加的冲击力或静压力，使金属产生塑性变形而获得预想的外形尺寸和组织结构的锻件。图2-7为锻压机床示意图。

在锻造车间里的主要设备有锻锤、压力机（水压机或曲柄压力机）、加热炉等。因为生产工人经常处在振动、噪声、高温灼热、烟尘，以及料头、毛坯堆放等不利的工作环境中，因此，对操作这些设备的工人的安全卫生应特别加以注意，否则，在生产过程中将容易发生各种安全事故，尤其是人身伤害事故。

在锻造生产中，易发生的外伤事故，按其原因可分为三种。

（1）机械伤害——由机器、工具或工件直接造成的刮伤、碰伤。

（2）烫伤。

（3）电气伤害。

2. 锻造车间的特点

从安全技术劳动保护的角度来看，锻造车间的特点如下。

（1）锻造生产是在金属灼热的状态下进行的（如低碳钢锻造温度范围在750～1 250℃），由于有大量的手工劳动，稍不小心就可能发生灼伤。

（2）锻造车间里的加热炉和灼热的钢锭、毛坯及锻件不断地发散出大量的辐射热（锻件在锻压终了时，仍然具有相当高的温度），工人经常受到热辐射的侵害。

（3）锻造车间的加热炉在燃烧过程中产生的烟尘排入车间的空气中，不但影响卫生，还降低了车间内的能见度（对于燃烧固体燃料的加热炉，情况就更为严重），因而也可能会引起工伤事故。

（4）锻造生产所使用的设备如空气锤、蒸汽锤、摩擦压力机等，工作时发出的都是冲击力。设备在承受这种冲击载荷时，本身容易突然损坏（如锻锤活塞杆的突然折断）而造成严重的伤害事故。

压力机（如水压机、曲柄热模锻压力机、平锻机、精压机）、剪床等，在工作时，冲击性虽然较小，但设备的突然损坏等情况也时有发生，操作者往往猝不及防，也有可能导致工伤事故。

（5）锻造设备在工作中的作用力是很大的，如曲柄压力机、拉伸锻压机和水压机这类锻压设备，它们的工作条件虽较平稳，但其工作部件所发生的力量却是很大的，如我国已制造和使用了12 000 t的锻造水压机。就是常见的100～150 t的压力机，所发出的力量已足够大。如果模子安装或操作时稍不正确，大部分的作用力就不是作用在工件上，而是作用在模子、工具或设备本身的部件上了。这样，某种安装调整上的错误或工具操作的不当，就可能引起机件的损坏以及其他严重的设备或人身事故。

（6）锻工的工具和辅助工具，特别是手锻和自由锻的工具名目繁多，这些工具都是一起放在工作地点的。在工作中，工具的更换非常频繁，存放往往又是杂乱的，这就必然增加对这些工具检查的困难，当锻造中需用某一工具而时常又不能迅速找到时，有时会"凑合"使用类似的工具，为此往往会造成工伤事故。

（7）由于锻造车间设备在运行中发生的噪声和振动，使工作地点嘈杂不堪入耳，影响人的听觉和神经系统，分散了注意力，因而增加了发生事故的可能性。

3. 锻压机械的安全技术要求

锻压机械的结构不但要保证设备运行中的安全，而且要能保证安装、拆卸和检修等各项工作的安全；此外，还必须便于调整和更换易损件，便于对在运行中要取下检查的零件进行检查。

（1）锻压机械的机架和突出部分不得有棱角或毛刺。

（2）外露的传动装置（齿轮传动、摩擦传动、曲柄传动或皮带传动等）必须要有防护罩。防护罩需用铰链安装在锻压设备的不动部件上。

（3）锻压机械的启动装置必须能保证对设备进行迅速开关，并保证设备运行和停车状态的连续可靠。

（4）启动装置的结构应能防止锻压设备意外开动或自动开动。较大型的空气锤或蒸汽——空气自由锤一般是用手柄操纵的，应该设置简易的操作室或屏蔽装置。模锻锤的脚踏板也应置于某种挡板之下。它是一种用角架做成的架子，上面覆以钢板。脚踏板就藏在这种架子下面，操作者应便于将脚伸入进行操纵。设备上使用的模具都必须严格按照图纸上提出的材料和热处理要求进行制造。紧固模具用的斜楔应选用适当材料并经退火处理。为了避免受撞击的一端卷曲，端部允许进行局部淬火。但端部一旦卷曲，则要停止使用，或经过修正后才能使用。

（5）电动启动装置的按钮盒，其按钮上需标有"启动""停车"等字样。停车按钮为红色，其位置比启动按钮高10～12 mm。

（6）在高压蒸汽管道上必须装有安全阀和凝结罐，以消除水击现象，降低突然升高的压力。

（7）蓄力器通往水压机的主管上必须装有当水耗量突然增高时能自动关闭水管的装置。

（8）任何类型的蓄力器都应有安全阀。安全阀必须由技术检查员加铅封，并定期进行检查。

（9）安全阀的重锤必须封在带锁的锤盒内。

（10）安设在独立室内的重力式蓄力器必须装有荷重位置指示器，使运行人员能在水压机的工作地点上观察到荷重的位置。

（11）新安装和经过大修理的锻压设备应该根据设备图纸和技术说明书进行

验收和试验。

（12）操作工人应认真学习锻压设备安全技术操作规程，加强对设备的维护、保养，保证设备的正常运行。

（二）冲压机械

利用金属模具将钢材或坯料进行分离或变形加工的机械统称为冲压机械。其特点是类型多、品种多、工序简单、速度快，绝大多数是通过压力以间断的往复运动方式进行工作的，往复运动一次就完成一个工序或一个零件。图2-8为冲压机床示意图。

图2-8　冲压机床

1. 冲压作业的危险因素

根据发生事故的原因分析，冲压作业中的危险主要有以下几个方面：

（1）设备结构具有的危险。相当一部分冲压设备采用的是刚性离合器。这是利用凸轮机构使离合器接合或脱开，一旦接合运行，就一定要完成一个循环，才会停止。假如在此循环中手不能及时从模具中抽出，就必然会发生伤手事故。

（2）动作失控。设备在运行中还会受到经常性的强烈冲击和振动，使一些零部件变形、磨损以致碎裂，引起设备动作失控而发生危险的连冲事故。

（3）开关失灵。设备的开关控制系统由于人为或外界因素引起的误动作。

（4）模具的危险。模具担负着使工件加工成型的主要功能，是整个系统能量的集中释放部位。由于模具设计不合理或有缺陷，没有考虑到作业人员在使用时的安全，在操作时手就要直接或经常性地伸进模具才能完成作业，因而增加了受伤的可能性。有缺陷的模具则可能因磨损、变形或损坏等原因，在正常运行条件下发生意外而导致事故。

在冲压作业中，冲压机械设备、模具、作业方式对安全的影响很大。冲压事故有可能发生在冲压设备的各个危险部位，但绝大多数发生在模具行程间，且伤害部位主要是作业者的手部。即当操作者的手处于模具行程之间时模块下落，就会造成冲手事故。这是设备缺陷和人的行为错误所造成的事故。冲压作业具有较大危险性和事故多发性的特点，且事故所造成的伤害一般都较为严重。目前防止冲压伤害事故的安全技术措施有多种形式，但就单机人工作业而言，尚不可能确认任何一种防护措施绝对安全。要减少或避免事故，作业人员必须具有一定的技术水平以及对作业中各种危险的识别能力。

2. 冲压作业安全技术措施

冲压作业的安全技术措施范围很广，它包括改进冲压作业方式，改革冲模结构，实现机械化、自动化，设置模具和设备的防护装置等。

实践证明，采用复合模、多工位连续模代替单工序的模具，或者在模具上设置机械进出料机构，实现机械化、自动化等都能达到提高产品质量和生产效率，减轻劳动强度，方便操作，保证安全的目的，这是冲压技术的发展方向，也是实现冲压安全保护的根本途径。

在冲压设备和模具上设置安全防护装置或采用劳动强度小、使用方便灵活的手工工具，也是当前条件下实现冲压作业大面积安全保护的有效措施。

由于冲压作业程序多，有送料、定料、出料、清理废料、润滑、调整模具等操作，所以冲压作业的防护范围也很广，要实现不同程序上的防护是比较困难的。

3. 冲压伤害防护技术与应用

（1）使用安全工具。使用安全工具操作时，将单件毛坯放入凹模内或将冲制后的零件、废料取出，实现模外作业，避免用手直接伸入上下模口之间装拆制件，保证人体安全。

目前，使用的安全工具一般根据本企业的作业特点自行设计制造。按其不同特点大致可归纳为五类：弹性夹钳、专用夹钳（卡钳）、磁性吸盘、真空吸盘和气动夹盘。

（2）模具防护措施。模具防护措施的内容包括在模具周围设置防护板（罩）；通过改进模具减少其危险面积，扩大安全空间；设置机械进出料装置，以此代替手工进出料方式，将操作者的双手隔离在冲模危险区之外，实行作业保护。

①模具防护罩（板）。设置模具防护罩（板）是实行安全区操作的一种措施。模具防护的形式较多，简介如下。

a. 固定在下模的防护板。坯料从正面防护板下方的条缝中送入，防止送料不当时将手伸入模内。

b．固定在凹模上的防护栅栏。它由开缝的金属板制成，可从正面和侧面将危险区封闭起来，在两侧或前侧开有供进退料用的间隙。使用栅栏时，其横缝必须竖直开设，以增加操作者的可见度和减轻视力疲劳。

c．折叠式凸模防护罩。在滑块处于上死点时，环形叠片与下模之间仅留出可供坯料进出的间隙，滑块下行时，防护罩轻压在坯料上面，并使环片依次折叠起来。

d．锥形弹簧构成的模具防护罩。在自由状态下弹簧相邻两圈的间隙不大于8 mm，这样既封闭了危险区，又避免了弹簧压伤手指的危险。

②模具结构的改进。在不影响模具强度和制件质量的情况下，可将原有的各种手工送料的单工序模具加以改进，以提高安全性。具体措施如下：将模具上模板的正面改成斜面；在卸料板与凸模之间做成凹槽或斜面；导板在刚性卸料板与凸模固定板之间保持足够的间隙，一般不小于15～20 mm；在不影响定位要求时，将挡料销布置在模具的一侧；单面冲裁时，尽量将凸模的凸起部分和平衡挡块安排在模具的后面或侧面；在装有活动挡料销和固定卸料板的大型模具上，用凸轮或斜面机械控制挡料销的位置。

（3）冲压设备的防护装置

冲压设备的防护装置形式较多，按结构分为机械式、按钮式和光电式等。

①机械式防护装置。

a．推手式保护装置，它是一种通过与滑块联动的挡板的摆动将手推离开模口的机械式保护装置。

b．摆杆护手装置，又称拨手保护装置，它运用杠杆原理将手拨开。一般用于1 600 kN左右、行程次数少的设备上。

c．拉手安全装置，它是一种用滑轮、杠杆、绳索将操作者的手动作与滑块运动联动的装置。冲压机滑块下行时，固定在滑块上的拉杆将杠杆拉下，杠杆的另一端同时将软绳往上拉动，软绳的另一端套在操作者的手臂上。因此，软绳能自动将手拉出模口危险区。

机械式防护装置结构简单、制造方便，但对作业干扰影响较大，操作工人不大喜欢使用，应用比较局限。

②双手按钮式保护装置。它是一种用电气开关控制的保护装置。启动滑块时，将人手限制在模外，实现隔离保护。只有操作者的双手同时按下两个按钮

时，中间继电器才有电，电磁铁动作，滑块启动。凸轮中开关在下死点前处于开路状态，若中途放开任何一个开关时，电磁铁都会失电，使滑块停止运动，直到滑块到达下死点后，凸轮开关才闭合，这时放开按钮，滑块仍能自动回程。

③光电式保护装置。光电式保护装置是由一套光电开关与机械装置组合而成的。它是在冲模前设置各种发光源，形成光束并封闭操作者前侧、上下模具处的危险区。当操作者手停留或误入该区域时，使光束受阻，发出电信号，经放大后由控制线路作用使继电器动作，最后使滑块自动停止或不能下行，从而保证操作者的安全。光电式保护装置按光源不同可分为红外光电保护装置和白炽光电保护装置。

4. 冲压作业的机械化和自动化

冲压作业机械化是指用各种机械装置的动作来代替人工操作的动作；冲压作业自动化是指冲压的操作过程全部自动进行，并且能自动调节和保护，发生故障时能自动停机。冲压作业的机械化和自动化非常必要，因为冲压生产的产品批量一般都较大，操作动作比较单调，工人容易疲劳，特别是容易发生人身伤害事故。因此，冲压作业机械化和自动化是减轻工人劳动强度、保证人身安全的根本措施。

5. 条（卷）料自动送进装置

条（卷）料自动送进装置和与其配套的供料装置以及废料处理装置的结构都已基本定型，形式比较单一，但结构和动作都比较复杂，其主要结构有拉钩式和推钩式两种。

拉钩式自动送进装置，料钩做往复直线摆动，当滑块上行时，料钩做与送进方向相反的运动，自动越过搭边进入下一个废料孔，将料拉入加工位置。使用这种装置时，开始冲压要先用手送进，当条料冲出首件或头几件时，料钩进入废料孔后便可开始自动送进。

推钩式结构是在条料的一端利用推钩推动条料。推钩通常装在梭架上，将在梭架上的条料推到加工位。梭架在滑道上与冲压设备做同步往复直线运动。推钩式结构的送进步距较大，并且不需要像拉钩那样钩住条料上的废料孔，所以冲制初始时也不必用人工送进。

（三）剪板机

剪板机是机加工工业生产中应用比较广泛的一种剪切设备，它能剪切各种厚度的钢板材料。常用的剪板机分为平剪、滚剪及震动剪三种类型。平剪床是使用最多的。剪切厚度小于10 mm的剪板机多为机械传动，大于10 mm的为液压传动。一般用脚踏或按钮操纵进行单次或连续剪切金属。图2-9为剪板机示意图。

图2-9　剪板机

操作剪板机时应注意以下事项：

（1）工作前要认真检查剪板机各部位是否正常，电气设备是否完好，润滑系统是否畅通，是否清除了台面及周围放置的工具、量具等杂物以及边角废料。

（2）不要独自一人操作剪板机，应由2～3人协调进行送料、控制尺寸精度及取料等，并确定1个人统一指挥。

（3）剪板机要根据规定的剪板厚度，调整剪刀间隙。不准同时剪切两种不同规格、不同材质的板料，不得叠料剪切。剪切的板料要求表面平整，不准剪切无法压紧的较窄板料。

（4）剪板机的皮带、飞轮、齿轮以及轴等运动部位必须安装防护罩。

（5）剪板机操作者送料的手指离剪刀口应保持最少200 mm的距离，并且离开压紧装置。在剪板机上安置的防护栅栏不能挡住操作者眼睛而使其看不到裁切的部位。作业后产生的废料有棱有角，操作者应及时清除，防止被刺伤、割伤。

三、木工机械

（一）木工机械的特点

木工机械有跑车带锯机、轻型带锯机、纵锯圆锯机、横截锯机、平刨机、压刨机、木铣床、木磨床等。

木工机械的特点是切削速度快，刀轴转速一般都要达到2 500～4 000 r/ min，有时甚至更快，因而转动惯性大，难以制动。

由于木工机械多采用手工送料，当用手推压木料送进时，往往由于遇到节疤、弯曲或其他缺陷，而使手与刀刃接触，造成伤害甚至割断手指。

操作人员不熟悉木工机械性能和安全操作技术，或不按安全操作规程操纵机械，是发生伤害事故的另一个原因。

没有安全防护装置或安全防护装置失灵，也是造成木工机械伤害事故的原因之一。

另外，木工机械切削过程中噪声大、振动大，工人劳动强度大、易疲劳。

（二）木工机械的安全装置

在设计上，就应使木工机械具有完善的安全装置，包括安全防护装置、安全控制装置和安全报警信号装置等。其安全技术要求如下：

（1）按照"有轮必有罩、有轴必有套和锯片有罩、锯条有套、刨（剪）切有挡"的安全要求，以及安全器送料的要求，对各种木工机械配置相应的安全防护装置。徒手操作者必须有安全防护措施。

（2）对产生噪声、木粉尘或挥发性有害气体的机械设备，应配置与其机械运转相连接的消声、吸尘或通风装置，以消除或减轻职业危害，维护职工的安全和健康。

（3）木工机械的刀轴与电器应有安全联控装置，在装卸或更换刀具及维修时，能切断电源并保持断开位置，以防止误触电源开关或突然供电启动机械，造成人身伤害事故。

（4）针对木材加工作业中的木料反弹危险，应采用安全送料装置或设置分离刀和防反弹安全屏护装置，以保障人身安全。

（5）在装设正常启动和停机操纵装置的同时，还应专门设置遇事故紧急停机的安全控制装置。按此要求，对各种木工机械应制定与其配套的安全装置技术标准。国产定型的木工机械，在供货的同时，必须带有完备的安全装置，并供应维修时所需的安全配件，以便在安全防护装置失效后予以更新；对早期进口或自制、非定型、缺少安全装置的木工机械，使用单位应组织力量研制和配置相应的安全装置，使所用的木工机械都有安全装置，特别是对操作者有伤害危险的木工机械。对缺少安全装置或安全装置失效的木工机械，应禁止或限制使用。

1. 带锯机安全装置

带锯机的各个部分，除了锯卡、导向辊的底面到工作台之间的工作部分外，都应用防护罩封闭。锯轮应完全封闭，锯轮罩的外圆面应该是整体的。锯卡与上锯轮罩之间的防护装置应罩于锯条的正面和两侧面，并能自动调整，随锯卡升降。锯卡应轻轻附着锯条，而不是紧卡着锯条，用手溜转锯条时应无卡塞现象。

带锯机主要采用液压可调式封闭防护罩遮挡高速运转的锯条，使裸露部分与锯割木料的尺寸相适应，既能有效地进行锯割，又能在锯条"放炮"或断条、掉锯时，控制锯条崩溅、乱扎，避免对操作者造成伤害，同时可以防止工人在操作过程中手指误触锯条造成伤害事故。对锯条裸露的切割加工部位，为便于操作者观察和控制，还应设置相应的网状防护罩，防止加工锯屑等崩弹造成人身伤害事故。

带锯机停机时，由于受惯性力的作用将继续转动，此时手不小心触及锯条，就会造成误伤。为使其能迅速停机，应装设锯盘制动控制器。带锯机破损时，也可使用锯盘制动器，使其停机。

2. 圆锯机安全装置

为了防止木料反弹的危险，圆锯上应装设分离刀（松口刀）和活动防护罩。分离刀的作用是使木料连续分离，使锯材不会紧贴转动的刀片，从而不会产生木料反弹。活动罩的作用是遮住圆锯片，防止手过度靠近圆锯片，同时也有效防止了木料反弹。

圆锯机安全装置通常由防护罩、导板、分离刀和防木料反弹挡架组成。弹性可调式安全防护罩可随其锯割木料的尺寸大小而升降，既便于推料进锯，又能控制锯屑飞溅和木料反弹；过锯木料由分离刀扩张锯口防止因夹锯造成木材反弹，并有助于提高锯割效率。

圆锯机超限的噪声也是严重的职业危害，会直接损害操作者的健康，因此应安装相应的消声装置。

3. 木工刨床安全装置

各种刨床对操作者的人身伤害，一是徒手推木料容易伤害手指，平刨伤手为多发性事故，一直未能得到很好解决。较先进的方法是采用光电技术保护操作者，当前国内应用效果不理想；较适用有效的方法是在刨切危险区域设置安全挡护装置，并限定与台面的间距，可阻挡手指进入危险区域，实际应用效果较好。二是降低刨床噪声，减轻职业危害，如采用开有小孔的定位垫片，可降低噪声10 ~ 15 dB。

总之，大多数木工机械都有不同程度的危险或危害。有针对性地增设安全装置，是保护操作者身心健康和安全、促进和实现安全生产的重要技术措施。

在木工机械事故中，手压平刨上发生的事故占多数，因此在手压平刨上必须有安全防护装置。

为了安全，手压平刨刀轴的设计与安装须符合下列要求：

（1）必须使用圆柱形刀轴，绝对禁止使用方刀轴。

（2）压力片的外线应与刀轴外圆相合，当手触及刀轴时，只会碰伤手指皮，不会被切断。

（3）刨刀刃口伸出量不能超过刀轴外径1.1 mm。

（4）刨口开口量应符合规定。

第三节　机械制造场所安全技术

一、采光

生产场所采光是生产必需的条件，如果采光不良，长期作业，则容易使操作者眼睛疲劳，视力下降，产生误操作，或发生意外伤亡事故；同时合理采光对提高生产效率和保证产品质量有直接的影响，因此，生产场所要有足够的光照度，以保证安全生产的正常进行。

（1）生产场所一般白天依赖自然采光，在阴天及夜间则由人工照明采光作补充和代替。

（2）生产场所的内照明应满足《工业企业照明设计标准》的要求。

（3）对厂房一般照明的光窗设置：厂房跨度大于12 m时，单跨厂房的两边应有采光侧窗，窗户的宽度应不小于开间长度的一半。多跨厂房相连，相连各跨应有天窗，跨与跨之间不得有墙封死。车间通道照明灯要覆盖所有通道，覆盖长度应大于90%的车间安全通道长度。

二、通道

通道包括厂区主干道和车间安全通道。厂区主干道是指汽车通行的道路，是保证厂内车辆行驶、人员流动以及消防灭火、救灾的主要通道；车间安全通道是指为了保证职工通行和安全运送材料、工件而设置的通道。

1. 厂区干道的路面要求

车辆双向行驶的干道宽度不小于5 m，有单向行驶标志的主干道宽度不小于

3 m，进入厂区门口、危险地段需设置限速牌、指示牌和警示牌。

2. 车间安全通道要求

通行汽车的宽度大于3 m；通行电瓶车、铲车的宽度大于1.8 m；通行手推车、三轮车的宽度大于1.5 m；一般人行通道的宽度大于1 m。

3. 通道的一般要求

通道标记应醒目，画出边沿标记，转弯处不能形成直角。通道路面应平整，无台阶、坑、沟。道路土建施工应有警示牌或护栏，夜间要有红灯警示。

三、设备布局

车间生产设备设施的摆放、相互之间的距离以及与墙、柱的距离，操作者的空间，高处运输线的防护罩网，均与操作人员的安全有很大关系。如果设备布局不合理或错误，操作者空间窄小，当工件、材料等飞出时，容易造成人员的伤害，引发意外事故。为此，应该做到以下几点：

1. 大、中、小设备划分规定

（1）按设备管理条例规定，将设备分为大、中、小型三类。

（2）特异或非标准设备按外形最大尺寸分类：大型长＞12 m，中型长6~12 m，小型长小于6 m。

2. 大、中、小型设备间距和操作空间的规定

（1）设备间距（以活动机件达到的最大范围计算），大型大于或等于2 m，中型大于或等于1 m，小型≥0.7 m。大、小设备间距按最大的尺寸要求计算。如果在设备之间有操作工位，则计算时应将操作空间与设备间距一并计算。若大、小设备同时存在时，大、小设备间距按大的尺寸要求计算。

（2）设备与墙、柱距离（以活动机件的最大范围计算），大型大于或等于0.9 m，中型大于或等于0.8 m，小型大于或等于0.7 m。在场、柱与设备间有人操作的应满足设备与墙、柱间和操作空间的最大距离要求。

（3）高于2 m的运输线应有牢固的防护罩（网），网格应能防止所输送物件坠落地面，对低于2 m高的运输线的起落段两侧应加设防护栏，栏高1.05 m。

四、物料堆放

生产场所的工位器具、工件、材料摆放不当，不仅妨碍操作，而且容易引起

设备损坏和工伤事故。为此，应该做到以下几点：

（1）生产场所要划分毛坯区，成品、半成品区，工位器具区，废物垃圾区。原材料、半成品、成品应按操作顺序摆放整齐，有固定措施、平衡可靠。一般摆放方位同墙或机床轴线平行，尽量堆垛成正方形。

（2）生产场所的工位器具、工具、模具、夹具要放在指定的部位，安全稳妥，防止坠落和倒塌伤人。

（3）产品坯料等应限量存入，白班存放为每班加工量的1.5倍，夜班存放为加工量的2.5倍，但大件不超过当班定额。

（4）工件、物料摆放不得超高，在垛底与垛高之比为1：2的前提下，垛高不超出2 m（单位超高除外），沙箱堆垛不超过3.5 m。堆垛的支撑稳妥，堆垛间距合理，便于吊装，流动物件应设垫块且楔牢。

五、地面状态

生产场所地面平坦、清洁是确保物料流动、人员通行和操作安全的必备条件。为此，应该做到以下几点：

（1）人行道、车行道和宽度要符合规定的要求。

（2）为生产而设置的深大于0.2 m，宽大于0.1 m的坑、壕、池应有防护栏或盖板，夜间应有照明。

（3）生产场所工业垃圾、废油、废水及废物应及时清理干净，以避免人员通行或操作时滑跌造成事故。

（4）生产场所地面应平坦、无绊脚物。

第四节　安全技术规范与标准

机械行业建议熟悉的安全技术规范与标准有以下几个：

（1）《机械安全风险评价第一部分：原则》（GB/t 16856.1—2008）。

（2）《金属切削机床安全防护通用技术条件》（GB 15760—2004）。

（3）《磨削机安全规程》（GB 4676—2009）。

（4）《普通磨具安全规则》（GB 2494—2003）。

（5）《机械安全带有防护装置的连锁装置设计和选择原则》（GB/t18831—2010）。

（6）《机械安全防护装置固定式和活动式防护装置设计与制造一般要求》（GB／t8196—2008）。

（7）《砂轮机安全防护技术条件》（JB 8799—1998）。

（8）《冲压安全管理规程》（机械部机生字[1985]60A）。

（9）《木工平刨床安全管理规程》（机械部机生字[1985]60号B）。

（10）《冲压车间安全生产通则》（GB/t8176—1997）。

（11）《压力机的安全装置技术条件》（GB 5091—1985）。

（12）《压力机用感应式安全装置技术条件》（GB 5092—2008）。

（13）《压力机用光电保护装置技术条件》（GB 4584—2007）。

（14）《机械压力机安全使用要求》（AQ 7001—2007）。

（15）《机械压力机安全技术要求》（JB 3350—1993）。

（16）《剪切机械安全规程》（GB 6077—1985）。

（17）《剪板机安全技术要求》（JB 8781—1998）。

（18）《联合冲剪机安全技术条件》（JB 9962—1999）。

（19）《冷冲压安全规程》（GB 13887—2008）。

（20）《木工机床安全通则》（GB 12557—2000）。

（21）《木工机械安全使用要求》（AQ 7005—2008）。

（22）《木工（材）车间安全生产通则》（GB 15606—2008）。

（23）《铸造机械安全要求》（GB 20905—2007）。

（24）《锻造生产安全与环保通则》（GB 13318—2003）。

（25）《锻压机械安全技术条件》（GB 17120—1997）。

（26）《金属锯床安全防护技术条件》（GB 16454—2008）。

第三章 电气及静电安全技术

第一节 工厂供电的安全运行及维护

一、工厂供电概述

1. 工厂供电系统概况

一般中型工厂的电源进线电压是6～10 kV，先经过高压配电所，然后由高压配电线路将电能输送给各车间变电所，降低成一般用电设备所需的电压（如380 V/220 V）。

图3-1是一个典型的中型工厂供电系统的电气主接线示意图。图3-2是中型工厂供电系统的平面布线示意图。为了使图形简单清晰，电气主接线图和电气平面图上的三相线路只用一根线来表示，即绘成单线图形式。关于国家标准规定的电工系统图图形符号（GB 312—64）和电气平面图图形符号（GB 313—64），可参考有关标准或手册。

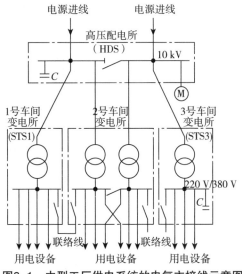

图3-1　中型工厂供电系统的电气主接线示意图

从图3-1可以看出，这个厂的高压配电所（HDS）有两条6~10 kV的电源进线，分别接在高压配电所的两段母线上。这两段母线间装有一个分段隔离开关，形成所谓"单母线分段制"。当任一条高压电源线发生故障或进行检修而被切除后，可利用分段隔离开关来恢复对整个配电所（特别是其重要负荷）的供电，即分段隔离开关闭合后由另一条高压电源线供电给整个配电所。最常见的运行方式是一条电源线工作，另一条电源线备用。分段隔离开关闭合，整个配电所由一个电源供电。

从图3-2可以看出，这个高压配电所有四条高压配电线，供电给三个车间变电所（StS），其中1号和3号变电所都只装有一台主变压器，而2号变电所装有两台，并分别由两段母线供电，其低压侧又采用单母线分段制，对重要的用电设备可由两段母线交叉供电。车间变电所的低压侧，设有低压联络线相互连接，以提高供电系统运行的可靠性和灵活性。

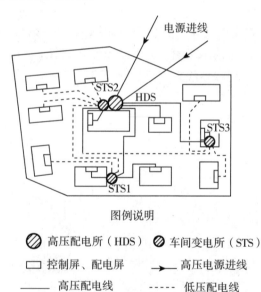

图3-2 中型工厂供电系统的平面布线示意图

此外，该配电所有一条高压配电线，直接供电给一组高压电动机；另有一条高压配电线，直接与一组用来提高全厂功率数的高压电容器相连。

对于小型工厂，一般只设一个简单的降压变电所，其容量只相当于图3-1中的一个车间变电所。用电量100 kW以下的小型工厂，通常采用低压供电，因此只需设置一个低压配电室就行了。

对于大型工厂及某些电源进线电压为35 kV及以上的中型工厂，一般经过两次降压，也就是电源进厂以后，经总降压变电所（HSS），将35 kV及以上的电压降为6～10 kV电压，然后通过高压配电线将电能送到各个车间变电所，再降到一般低压用电设备所需的电压，如图3-3所示。但也有的35 kV进线的工厂，只经一次降至，直接降为低压，供用电设备使用，这种供电方式叫作高压深入负荷中心的直配方式。

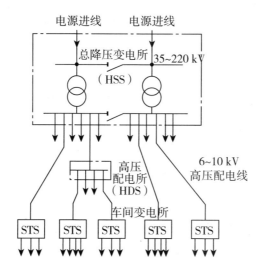

图3-3　具有总降压变电所的工厂供电系统主接线图

由以上分析可知，配电所的任务是接受电能和分配电能，而变电所的任务是接受电能、变换电压和分配电能，两者的区别主要在于变电所多了变换电压的电力变压器。

2. 发电厂和电力系统简介

由于电能的生产、输送、分配和使用的全过程，实际上是在同一瞬间实现的。这个全过程是一个紧密联系的整体。所以这里除了要简述工厂供电系统的概况外，还要简介发电厂和电力系统的基本知识，使大家了解工厂供电系统电源发电的情况，有利于更好地做好工厂供电工作。

（1）发电厂。发电厂又称发电站，是将自然界蕴藏的各种一次能源转换为电能（二次能源）的工厂。发电厂按它所利用的能源不同，可分为水力发电厂、火力发电厂、原子能发电厂以及风力发电厂、地热发电厂、太阳能发电厂等类型。

水力发电厂简称水电厂或水电站，它利用水流的位能来生产电能。当控制水流的闸门打开时，水流沿进水管进入水轮机蜗壳室，冲动水轮机，带动发电机发电。由于水电站的发电容量与水电站所在地点上下游水位差（即落差，也称水头）和流过水电站水轮机的水量（即流量）的乘积成正比，所以建设水电站必须用人工的办法来提高水位。最常用的办法就是在河流上建筑一个很高的拦河坝，形成水库，提高上游水位，使坝的上下游形成尽可能大的落差，电站就建在堤坝的后面，这种水电站叫作坝后式水电站。我国一些大型水电站差不多都属于这种类型。另一种提高水位的办法是在具有相当坡度的弯曲河段上游筑一堤坝，拦住河水，然后利用沟渠或隧道，将水直接引至建在河段末端的水电站，这种水电站叫作引水式水电站。还有一种水电站是上述两种方式的综合，由高坝和引水渠道分别提高一部分水位，这种水电站叫作混合式水电站。

火力发电厂简称火电厂或火电站，它利用燃料的化学能来生产电能。我国的火电厂以燃煤为主。为了提高燃料效率，现代火电厂都把煤块粉碎成煤粉燃烧。煤粉在锅炉的炉膛内充分燃烧，将锅炉内的水烧成高温高压的蒸汽，推动汽轮机转动，使与它连轴的发电机旋转发电。现代火电厂一般都考虑了"三废"（废渣、废水、废气）的综合利用，并且在发电的同时还进行供热。这种兼供热的火电厂，称为热电厂或热电站。

原子能发电厂简称核电站。它的生产过程与火电厂基本相同，只是以原子反应堆（原子锅炉）代替了燃煤锅炉，以少量的"核燃料"代替了大量的煤炭。由于原子能是极其巨大的能源，而且核电站的建设有其重要的经济和科研价值，所以世界上很多国家都很重视核电站的建设，原子能发电量的比重在逐年增长。

（2）电力系统。为了充分利用动力资源，减少燃料运输，降低发电成本，因此有必要在有水力资源的地方建造水电站，而在有燃料资源的地方建造火电厂。但是这些有动力资源的地方，往往离用电中心较远，所以必须用高压运电线路进行远距离输电，如图3-4所示。

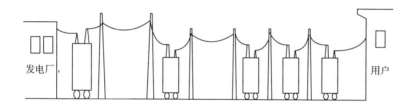

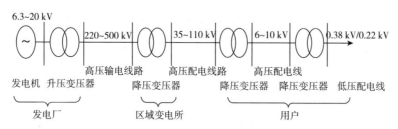

图3-4　从发电厂到用户的送电过程示意图

由各种电压的电力线路将一些发电厂、变电所和电力用户联系起来的一个发电、输电、变电、配电和用电的整体，叫作电力系统。

电力系统中各级电压的电力线路及其联系的变电所，叫作电力网，简称电网或网络。电网往往按电压等级来区分，如10 kV电网、380 V/220 V电网等。这里所说的电网实际指的是电力线路。电网也可按电压高低和供电范围大小分为区域电网和地方电网。区域电网的范围大，电压一般在110 kV及以上。地方电网的范围小，电压一般不超过35 kV。工厂电网就属于地方电网的一种。

建立大型电力系统，可以更经济合理地利用动力资源（首先充分利用水力资源），减少电能损耗，降低发电成本，保证供电质量（即电压和频率合乎规范要求），并大大提高供电的可靠性，有利于整个国民经济的发展。

二、工厂变配电所设备的运行维护

变电所担负着从电力系统受电，经过变压，然后配电的任务。配电所担负着从电力系统受电，然后直接配电的任务。显然，工厂变配电所是工厂供电系统的枢纽，在工厂里占有特殊重要的地位。工厂配电所设备主要有高压一次设备（如高压熔断器、高压隔离开关、高压负荷开关、高压断路器以及高压开关柜等）、低压一次设备（如低压熔断器、低压刀开关、低压自动开关和低压配电屏等）和变压器。为了保证工厂供电系统安全运行，必须做好工厂变配电所设备的运行维护工作，其具体要求有以下几个方面：

1. 变配电所的值班制度和值班员职责

（1）变配电所的值班制度。工厂变配电所的值班制度有轮班制、在家值班制和无人值班制等。从发展方向来说，工厂变配电所肯定要向自动化和无人值班的方向发展。但是当前，工厂变配电所仍采取以三班轮换的值班制度为主，而值班员则分成三组或四组，轮流值班，一些小厂的变配电所及大中型厂的一些车间变电所，则往往采用无人值班制，仅由工厂的维修电工或总变配电所的值班电工每天定期巡视检查。有高压设备的变配电所，为保证安全，一般应两人值班。

（2）值班员职责。值班员职责如下：

①遵守变配电所值班工作制度，坚守工作岗位，做好变配电所的安全保卫工作，确保变配电所的安全运行。

②积极钻研本职工作，认真学习和贯彻有关规程，熟悉变配电所的一、二次系统的结线以及设备的安装位置、结构性能、操作要求和维护保养方法等，掌握安全用具和消防器材的使用方法及触电急救法，了解变配电所现在的运行方式、负荷情况及负荷调整、电压调节等措施。

③监视所内各种设备的运行情况，定期巡视检查，按规定抄报各种运行数据，记录运行日志。发现设备缺陷和运行不正常时，及时处理，并做好有关记录，以备查考。

④按上级调度命令进行操作，发生事故时进行紧急处理，并做好有关记录，以备查考。

⑤保管所内各种资料图表、工具仪器和消防器材等，并做好和保持所内设备和环境的清洁卫生。

⑥按规定进行交接班。值班员未办完交接手续时，不得擅离岗位。在处理事故时，一般不得交接班。接班的值班员可在当班的值班员要求下，协助处理事故。如事故一时难于处理完毕，在征得接班的值班员同意或上级同意后，可进行交接班。

2. 变配电所送电、停电操作及工作票制度

（1）送电操作。变配电所送电时，一般应从电源侧的开关合起，依次合到负荷侧开关。按这种程序操作，可使开关的闭合电流减至最小，比较安全。在有高压断路器—隔离开关及有低压断路器—刀开关的电路中，送电时，一定要按照母线侧隔离开关（或刀开关）—负荷侧隔离开关（或刀开关）—断路器的合闸顺

序依次操作。例如，图3-5所示为一高压变配电所主线图，该所在停电检修好以后，要恢复WL$_1$送电，而WL$_2$作为备用。

送电操作程序如下：

①检查整个变配电所的电气装置上确实无人工作后，拆除临时接地线和标示牌，拆除接地线时，应先拆线路端，再拆接地端。

②检查两路进线WL$_1$、WL$_2$的开关均在断开位置后，合上两段高压母线W$_{B1}$和W$_{B2}$之间的联络隔离开关，使W$_{B1}$和W$_{B2}$能够并列运行。

③依次合上WL$_1$上所有隔离开关，然后合上进线断路器。如合闸成功，则说明W$_{B1}$和W$_{B2}$是完好的。

④合上接于W$_{B1}$和W$_{B2}$的电压互感器电路的隔离开关，检查电源电压是否正常。

⑤合上所有高压出线上的隔离开关，然后合上所有高压出线上的断路器，对所有车间变电所的主变压器送电。

⑥合上No.2车间变电所主变压器低压侧的刀开关，再合上低压断路器。如合闸成功，说明低压母线是完好的。

⑦通过接于两段低压母线上的电压表检查低压是否正常。

⑧合上No.2车间变电所所有低压出线的刀开关，然后合上低压断路器，或合上低压熔断器式刀开关，使所有低压出线送电。至此整个高压配电所及其附设车间变电所全部投入运行。如果变配电所是事故停电以后的恢复送电，则操作程序与变配电所所装设的开关类型有关。

如果电源进线装设的是高压断路器，则高压母线发生短路故障时，断路器自动跳闸。在故障消除后，则可直接合上断路器来恢复送电。

如果电源进线装设的是高压负荷开关，则在故障消除后，先更换熔断器的熔管后，才能合上负荷开关来送电。

如果电源进线装设的是高压隔离开关—熔断器，则在故障消除后，应先更换熔断器的熔管，并断开所有出线开关，再合上隔离开关，最后合上所有出线开关才能恢复送电。如果电源进线装设的是跌开式熔断器，也必须如此操作才行。

（2）停电操作。变配电所停电时，一般应从负荷侧的开关拉起，依次拉到电源侧开关。按这种程序操作，可使开关的开断电流减至最小，也比较安全。但是在有高压断路器—隔离开关及有低压断路器—刀开关的电路中，停电时，一定要按照断路器—负荷侧隔离开关（或刀开关）—母线侧隔离开关（或刀开关）的拉闸顺序依次操作。

以图3-5所示的高压变配电所为例，说明停电检修的操作程序。

停电操作程序如下：①断开所有高压出线上的断路器，然后拉开所有出线上的隔离开关；②断开进线上的断路器，然后断开进线上的所有隔离开关；③在所有断开的断路器手柄上挂上"有人工作、禁止合闸"的标示牌；④在电源进线末端、进线隔离开关之前悬挂临时接地线。安装接地线时，应先接接地端，再接线路端。

（3）工作票制度。为了确保供电系统运行安全，防止误操作，一般均实行工作票制度。倒闸操作人员根据值班调度员命令，填写倒闸工作票。倒闸操作前，应按工作票顺序与模拟电路图核对相符。操作前后都应检查核对现场设备名称、编号和开关刀闸分合的位置，倒闸操作应由两人进行，一个操作，一个监护。操作完毕后，应立即报告发令人。

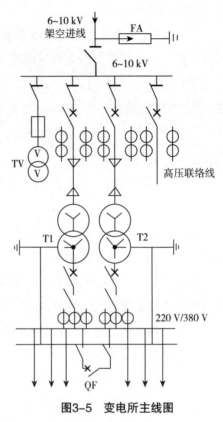

图3-5　变电所主线图

进行事故处理时，可根据值班调度员命令直接进行倒闸操作，不必填写工作票。

3. 电力变压器的运行维护

（1）一般要求。电力变压器是变电所内最关键的设备，保证变压器的正常运行是十分重要的。在有人值班的变电所内，每小时抄表一次。如果变压器在过负荷下运行，则至少每半小时抄表一次。无人值班的变电所，应于每次定期巡视时，记录变压器的电压、电流和上层油温。变压器应定期进行外部检查。

（2）巡视项目。巡视项目主要包括以下几个方面：

①检查变压器的音响是否正常。正常的音响是均匀的嗡嗡声，如音响较平常

沉重，说明变压器过负荷；如音响尖锐，说明电源电压过高。

②检查油温是否超过允许值。变压器上层油温一般不超过85℃，最高不超过95℃。油温过高，可能是变压器过负荷引起，也可能是变压器内部故障引起。

③检查油枕及气体继电器的油位和油色，检查各密封处的渗油和漏油现象。油面过高，可能是冷却装置运行不正常或变压器内部故障等造成的油温过高所引起油面过低，可能有渗油现象。变压器油正常应为透明略带浅黄色，如油色变深变暗，则说明油质变坏。

④检查瓷套管是否清洁，有无破损裂纹和放电痕迹；高低压接头的螺栓是否紧固，有无接触不良和发热现象。

⑤检查防爆膜是否完整无损，吸湿器是否畅通，硅胶是否已吸湿饱和。

⑥检查接地装置是否完好。

⑦检查冷却、通风装置是否正常。

⑧检查变压器及其周围有无其他影响其安全运行的异物（如易燃、易爆物体等）和异常现象。在巡视中发现的异常情况，应记入专用记录本内；重要情况应及时汇报上级，请示处理。

4. 配电装置的运行维护

（1）一般要求。配电装置应定期进行巡视检查，以便及时发现运行中出现的设备缺陷和故障。在有人值班的变配电所内，配电装置应每班或每天进行外部检查一次。在无人值班的变配电所内，配电装置至少每月检查一次。如遇短路引起开关跳闸或其他特殊情况（如雷击时），应对设备进行特别检查。

（2）巡视项目。配电装置的巡视项目包括以下几方面：

①根据母线及接头的外观或其温度指示装置（如变色漆、示温蜡）的指示，检查母线及接头的温度是否超出允许值。

②检查开关电器中所装的绝缘油颜色和油位是否正常，有无漏油现象，油位指示器是否无破损。

③检查绝缘瓷瓶是否脏污、破损，有无放电痕迹。

④检查电缆及其终端头有无漏油及其他异常现象。

⑤检查熔断器的熔体是否熔断，熔管有无破损和放电痕迹。

三、工厂电力线路的运行维护

1. 架空线路的运行维护

（1）一般要求。对厂区架空线路，一般要求每月进行一次巡视检查。如遇大风大雨及发生故障等特殊情况时，增加巡视次数。

（2）巡视项目。对架空线路的巡视检查，一般应该注意以下几点：

①电杆有无倾斜、变形、腐朽、损坏及基础下沉等现象。如有时，应设法修理。

②沿线路的地面是否堆放有易燃、易爆和强腐蚀性物体。如有时，应立即设法挪开。

③沿线路周围有无危险建筑物。应尽可能保证在雷雨季节和大风季节里，这些建筑物不致对线路造成损坏。

④线路上有无树枝、风筝等杂物悬挂。如有时，应设法消除。

⑤拉线和扳桩是否完好，绑扎线是否紧固可靠。如有问题时，应设法修理或更换。

⑥导线的接头是否接触良好，有无过热发红、严重氧化、腐蚀或断脱现象，绝缘子有无污损和放电现象。如有时，应设法检修。

⑦避雷装置的接地是否良好，接地线有无锈断情况。在雷雨季节到来之前，应重点检查，以确保防雷安全。

⑧其他危及线路安全运行的异常情况。

运行人员应将巡线中发现的问题记入记录本内，较重要的异常情况，应及时报告上级，以便采取措施，迅速处理。

2. 电缆线路的运行维护

（1）一般要求。电缆线路一般是敷设在地下的。要做好电缆的运行维护工作，就需全面了解电缆的敷设方式、结构布置、走线方向及电缆头位置等。对电缆线路，一般要求每季进行一次巡视检查，并应经常监视其负荷大小和发热情况。如遇大雨、洪水等特殊情况及发生故障时，需临时增加巡视次数。

（2）巡视项目。对电缆线路的巡视检查，一般应注意以下几点：

①电缆终端头及瓷套管有无损坏及放电痕迹。对填充有电缆胶（油）的电缆终端头，还应检查有无漏油溢胶现象。

②对明敷的电缆，应检查电缆外表有无锈蚀、损坏，沿线挂钩或支架有无脱落，线路上及附近有没有堆放易燃易爆及强腐蚀性物体。

③对暗敷及埋地的电缆，应检查沿线的盖板和其他盖物是否完好，有无挖掘痕迹，路线标桩是否完整无缺。

④电缆沟内有无积水或深水现象，是否堆有杂物及易燃易爆物品。

⑤线路上各种接地是否良好，有无松动、断股和锈蚀现象。

⑥其他危及电缆安全运行的异常情况。

运行人员应将巡线中发现的问题记入专用记录本内，较重要的异常情况，应及时报告上级，以便采取措施，迅速处理。

3. **车间配电线路的运行维护**

（1）一般要求。要搞好车间配电线路的运行维护工作，也必须全面了解车间配电线路的布线情况、结构形式、导线型号规格及配电箱和开关的位置等，并了解车间负荷的要求、大小及车间变电所的有关情况。对车间配电线路，有专门的维护电工时，一般要求每周进行一次巡视检查。

（2）巡视项目。巡视检查时，一般应注意以下几点：

①检查导线的发热情况。例如裸母线在正常运行时的最高允许温度一般为70℃。如果温度过高，将使母线接头处氧化加剧，接触电阻增大，运行情况迅速恶化，最后可能引起接触不良或短路。所以一般要在母线接头处涂以变色漆或示温蜡，以检查其发热情况。

②检查线路的负荷情况。线路的负荷电流不得超过导线的允许载流量，否则导线要过热。对于绝缘导线来说，导线过热还可能引起绝缘燃烧，造成严重的电气失火事故。所以运行维护人员要经常注意线路的负荷情况。一般用钳形电流表来测量线路的负荷电流。

③检查配电箱、分线盒、开关、熔断器等的运行情况，着重检查母线接头有无氧化、过热变色和腐蚀等情况，接线有无松脱、放电和烧毛的现象，螺栓是否紧固。

④检查线路上和线路周围有无影响线路安全运行的异常情况。绝对禁止在绝缘导线上悬挂物体，禁止在线路近旁堆放易燃易爆物体。

⑤对敷设在潮湿、有腐蚀性物质的场所的线路和设备，要做好定期的绝缘检查，绝缘电阻一般不得低于0.5 mΩ。

四、工厂供电系统的保护装置

为了保证工厂供电系统的安全运行，避免负荷和短路的影响，所以在工厂供电系统中都安装一定数量和不同类型的保护装置。工厂供电系统的保护装置有：熔断器保护、自动开关保护和继电保护。

1. 熔断器保护

熔断器是一种简单而有效的保护电器，在电路中主要起短路保护作用。熔断器主要由熔体和安装熔体的绝缘管（绝缘座）组成。使用时，熔体串接于被保护的电路中，当电路发生短路故障时，熔体被瞬时熔断而分断电路，起到保护作用。

（1）常用的熔断器

①插入式熔断器如图3-6所示，它常用于380 V及以下电压等级的线路末端，作为配电支线或电气设备的短路保护用。

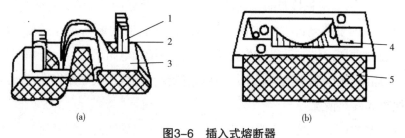

图3-6　插入式熔断器

1—动触点；2—熔体；3—瓷插件；4—静触点；5—瓷座

②螺旋式熔断器如图3-7所示。熔体的上端盖有一熔断指示器，一旦熔体熔断，指示器马上弹出，可透过瓷帽上的玻璃孔观察到，它常用于机床电气控制设备中。螺旋式熔断器分断电流较大，可用于电压等级500 V及其以下、电流等级200 A以下的电路中，作短路保护。

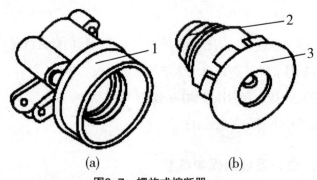

图3-7　螺旋式熔断器

1—底座；2—熔体；3—瓷帽

③封闭式熔断器分有填料熔断器和无填料熔断器两种，如图3-8和图3-9所示。有填料熔断器一般用方形瓷管，内装石英砂及熔体，分断能力强，用于电压等级500 V以下、电流等级1 kA以下的电路中。无填料密闭式熔断器将熔体装入密闭式圆筒中，分断能力稍小，用于500 V以下、600 A以下电力网或配电设备中。

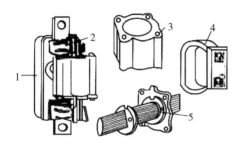
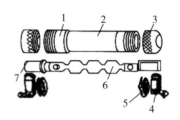

图3-8　有填料封闭管式熔断器　　　　3-9　无填料密闭管式熔断器
1-瓷底座；2-弹簧片；3-管体；　　　　1-铜圈；2-熔断管； 3-管帽；4-插座；
4-绝缘手柄；5-熔体　　　　　　　　　5-特殊垫圈；6-熔体；7-熔片

④快速熔断器主要用于半导体整流元件或整流装置的短路保护。由于半导体元件的过载能力很低，只能在极短时间内承受较大的过载电流，因此要求短路保护具有快速熔断的能力。快速熔断器的结构和有填料封闭式熔断器基本相同，但熔体材料和形状不同，它是以银片冲制的有V形深槽的变截面熔体。

⑤自复熔断器采用金属钠作熔体，在常温下具有高电导率。当电路发生短路故障时，短路电流产生高温使钠迅速汽化，气态钠呈现高阻态，从而限制了短路电流。当短路电流消失后，温度下降，金属钠恢复原来的良好导电性能。自复熔断器只能限制短路电流，不能真正分断电路。其优点是不必更换熔体，能重复使用。

（2）熔断器的结构和特性。熔断器主要由熔体、外壳和支座三部分组成，其中熔体是控制熔断特性的关键元件。熔体的材料、尺寸和形状决定了其熔断特性。熔体材料分为低熔点和高熔点两类。低熔点材料如铅和铅合金，其熔点低，容易熔断，由于其电阻率较大，故制成熔体的截面尺寸较大，熔断时产生的金属蒸气较多，只适用于低分断能力的熔断器。高熔点材料如铜、银，其熔点高，不容易熔断，但由于其电阻率较低，可制成比低熔点熔体小的截面尺寸，熔断时产生的金属蒸气少，适用于高分断能力的熔断器。熔体的形状分为丝状和带状两种。改变变截面的形状可显著改变熔断器的熔断特性。

熔断器具有反时延特性，即过载电流小时，熔断时间长；过载电流大时，熔断时间短。所以，在一定过载电流范围内，当电流恢复正常时，熔断器不会熔断，可继续使用。熔断器有各种不同的熔断特性曲线，可以适用于不同类型保护对象的需要。

（3）熔断器的分类。熔断器根据使用电压可分为高压熔断器和低压熔断器。根据保护对象可分为保护变压器用和一般电气设备用的熔断器、保护电压互感器的熔断器、保护电力电容器的熔断器、保护半导体元件的熔断器、保护电动机的熔断器和保护家用电器的熔断器等。根据结构可分为敞开式、半封闭式、管式和喷射式熔断器。

敞开式熔断器结构简单，熔体完全暴露于空气中，由瓷柱作支撑，没有支座，适于低压户外使用。分断电流时，在大气中产生较大的声光。

半封闭式熔断器的熔体装在瓷架上，插入两端带有金属插座的瓷盒中，适于低压户内使用。分断电流时，所产生的声光被瓷盒挡住。

管式熔断器的熔体装在熔断体内，然后插在支座或直接连在电路上使用。熔断体是两端套有金属帽或带有触刀的完全密封的绝缘管。这种熔断器的绝缘管内若充以石英砂，则分断电流时具有限流作用，可大大提高分断能力，故又称作高分断能力熔断器。若管内抽真空，则称作真空熔断器。若管内充以SF_6气体，则称作SF_6熔断器，其目的是改善灭弧性能。由于石英砂、真空和SF_6气体均具有较好的绝缘性能，故这种熔断器不但适用于低压也适用于高压。

喷射式熔断器是将熔体装在由固体产气材料制成的绝缘管内。固体产气材料可采用电工反白纸板或有机玻璃材料等。当短路电流通过熔体时，熔体随即熔断产生电弧，高温电弧使固体产气材料迅速分解产生大量高压气体，从而将电离的气体带电弧在管子两端喷出，发出极大的声光，并在交流电流过零时熄灭电弧而分断电流。绝缘管通常是装在一个绝缘支架上，组成熔断器整体。有时绝缘管上端做成可活动式，在分断电流后随即脱开而跌落，此种喷射式熔断器俗称跌落熔断器，一般适用于电压高于6 kV的户外场合。

此外，熔断器根据分断电流范围还可分为一般用途熔断器、后备熔断器和全范围熔断器。一般用途熔断器的分断电流范围指从过载电流大于额定电流1.6~2倍起，到最大分断电流的范围。这种熔断器主要用于保护电力变压器和一般电气设备。后备熔断器的分断电流范围指从过载电流大于额定电流4~7倍起至最大分断电流的范围。这种熔断器常与接触器串联使用，在过载电流小于额定电流4~7倍的范围时，由接触器来实现分断保护，主要用于保护电动机。

随着工业发展的需要，还制造出适于各种不同要求的特殊熔断器，如电子熔断器、热熔断器和自复熔断器等。

2. 自动开关保护

自动开关在低压系统中的配置，通常有以下几种方式：

（1）单独接自动开关的方式。见图3-10（a）。这种接线方式适用于从变压器二次侧引出的低压供电干线。为了检修自动开关安全，在自动开关ZK前，宜装设一个刀开关DK，使检修时有一个明显可见的断开间隙，用以隔离电源。但主变压器低压侧的自动开关，由于高压侧有隔离开关，则可不装设刀开关。

（2）自动开关与接触器配合的方式。见图3-10（b）。这种接线方式适用于操作频繁的电路。接触器JC用作电路的控制器，热继电器RJ用作过负荷保护，自动开关ZK用作短路保护。

（3）自动开关与熔断器配合的方式。见图3-10（c）。这种接线方式适用于自动开关断流能力不足以断开电路的短路电流情况。因此自动开关只装热脱扣器和失压脱扣器，在过负荷和失压时能够断开电路，而电路发生短路时，必须依靠熔断器进行保护。

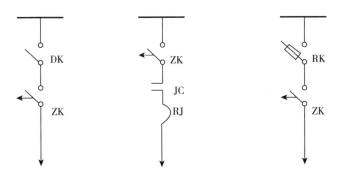

（a）单独接自动开关　（b）自动开关与接触器配合　（c）自动开关与熔断器配合

图3-10　自动开关的配置方式

3. 继电保护

由于中小型工厂供电的线路一般都不是很长，电压也不是很高，容量不是很大，因此中小型工厂供电线路的继电保护一般相当简单。作为相间短路保护，通常用带限时的过电流保护，有时也配合使用电流断保护。在发生相间短路故障时，继电保护装置作用于高压断路器，使之跳闸，切除短路故障。

继电保护器按其组成元件分为电磁型和晶体管型两大类，其中电磁型继电器按其结构原理分为电磁式、感应式等继电器。

第二节　触电防护技术

一、触电事故及其影响因素

电气事故是电气安全的主要研究和管理对象，掌握电气事故的特点和事故的分类，对做好电气安全工作具有重要的意义。根据电能的不同作用形式，可将电气事故分为触电事故、静电事故、雷电事故、电磁辐射事故、电气火灾和爆炸事故等几个方面。其中触电事故尤为常见。

1. 触电事故的种类

触电事故是电流的能量直接或间接作用于人体造成的伤害。当人体接触带电体时，电流会对人体造成不同程度的伤害，即发生触电事故。触电事故对人体的伤害可以分为两种类型，即电伤和电击。

（1）电伤。电伤是指由于电流的热效应、化学效应和机械效应对人体的外表造成的局部伤害，如电灼伤、电烙印、皮肤金属化等。

①电灼伤。电灼伤一般分接触灼伤和电弧灼伤两种。接触灼伤发生在高压电击事故中电流流过的人体皮肤进出口处，一般进口处比出口处灼伤严重，灼伤处呈现黄色或褐黑色，并可累及皮下组织、肌腱、肌肉及血管，甚至使骨骼呈现炭化状态，一般需要治疗的时间较长。当发生带负荷误拉合隔离开关及带地线合隔离开关时，所产生强烈的电弧都可能引起电弧灼伤，其情况与火焰烧伤相似，会使皮肤发红、起泡，组织烧焦、坏死。

②电烙印。电烙印发生在人体与带电体之间有良好的接触部位处，在人体不被电击的情况下，在皮肤表面留下与带电接触体形状相似的肿块痕迹。电烙印往往造成局部的麻木和失去知觉。

③皮肤金属化。皮肤金属化是由于高温电弧使周围金属熔化、蒸发并飞溅渗

透到皮肤表面形成的伤害。

电伤在不是很严重的情况下，一般无致命危险。

（2）电击。电击是指人体触及带电体并形成电流通路而对人体造成的伤害。它会破坏人的心脏、中枢神经系统和肺部的正常工作，使人出现痉挛、窒息、心颤、心脏骤停等症状，甚至危及生命。在低压系统通电电流不大、通电时间不长的情况下，电流引起人体心室颤动是电击致死的主要原因。在通常通电电流较小但通电时间较长的情况下，电流会造成人体窒息而导致死亡。一般人体遭受数十毫安工频电流电击时，时间稍长即会致命。绝大部分触电死亡事故都是由于电击造成的。通常所说的触电事故基本上是指电击事故。电击事故一般又可以分为直接电击和间接电击。直接电击是指人体直接接触正常运行的带电体所发生的电击；间接电击则是电气设备发生故障后，人体触及意外带电部位所发生的电击。故直接电击也称为正常情况下的电击，而间接电击也称为故障情况下的电击。

2. 触电事故对人体伤害程度的影响因素

触电所造成的各种伤害，都是由于电流对人体的作用而引起的。它是电流通过人体内部时，对人体造成的种种伤害作用，如电流通过人体时会引起针刺感、压迫感、打击感等。大量的事实表明，发生触电事故时，电流比电压对人体的伤害更直接。电击伤害的影响因素主要有如下几个方面。

（1）电流强度及电流持续时间。电流对人体的伤害与流过人体电流的持续时间有着密切的关系，电流持续时间越长，对人体的危害越严重。一般工频电流15～20 mA以下及直流50 mA以下对人体是安全的，但如果持续时间很长，即使电流小到8～10 mA，也可能使人致死。对于常用的工频交流电，按照通过人体的电流大小和通电时间长短，将会引起人体的不同生理反应，具体见表3-1。

表3-1　电流大小和通电时间长短对人体生理反应的影响

电流范围/ mA	通电时间	人体生理反应
0～0.5	连续通电	没有感觉
0.5～5	连续通电	开始有感觉，手指、腕等处有痛感，没有痉挛，可以摆脱带电体
5～30	数分钟以内	痉挛，不能摆脱带电体，呼吸困难，血压升高，是可忍受的极限
30～50	数秒钟到数分钟	心脏跳动不规则，昏迷，血压升高等
50～数百	低于心脏搏动周期	受强烈冲击，但未发生心室颤动
	超过心脏搏动周期	昏迷，心室颤动，接触部位留有电流通过的痕迹
超过数百	低于心脏搏动周期	发生心室搏动，昏迷，接触部位留有电流通过的痕迹
	超过心脏搏动周期	心脏停止跳动，昏迷，造成可能致命的电灼伤

（2）人体电阻。人体被电击时，流过人体的电流在接触电压一定时由人体的电阻决定，人体电阻愈小，流过的电流愈大，人体所遭受的伤害也愈大。一般情况下，人体电阻可按1 000～2 000 Ω考虑。为了保险起见，通常取为800～1 000 Ω。如果角质层有损坏，则人体电阻将大大降低。

（3）作用于人体的电压。当人体电阻一定时，作用于人体的电压越高，则流过人体的电流越大，其危险性越大，对人体的伤害也就越严重。当人体接触电流后，随着电压的升高，人体电阻会有所下降；若接触了高压电，则因皮肤受损破裂而会使人体电阻下降，通过人体的电流也就会随之增大。实验证实，电压高低对人体的影响及允许接近的最小安全距离见表3-2。

表3-2　电压对人体的影响及允许接近的最小安全距离

接触时的情况		允许接近的最小安全距离/ m	
电压/ V	对人体的影响	电压/ V	设备不停电时的安全距离/ m
10	全身在水中时跨步电压	10	0.7
20	为湿手的安全界限	20～35	1.0
30	为干燥的安全界限	44	1.2
50	对人体生命没有危险的安全界限	60～110	1.5
100～200	危险急剧增大	154	2.0
200以上	危及生命安全	220	3.0
3 000	被带电体吸引	330	4.0
10 000以上	有被弹开而脱离危险的可能	500	5.0

（4）电流路径。当电流路径通过人体心脏时，其电击伤害程度最大。左手至右脚的电流路径中，心脏直接处于电流通路内，因而是最危险的；右手至左脚的电流路径的危险性相对较小；左脚至右脚的电流路径危险性小，但人体可能因痉挛而摔倒，导致电流通过全身或发生二次事故而产生严重后果。

（5）电流种类及频率。当电压在250～300 V以内时，人体触及频率为50 Hz的交流电，比触及相同电压的直流电的危险性大3～4倍，但高频率的电流通常以电弧的形式出现，因此有灼伤人体的危险。

（6）人体状态。电流对人体的作用与人的年龄、性别、身体及精神状态有很大关系。

总的来说，影响电流对人体的伤害程度的因素主要有：通过人体电流的大小、电流通过人体的持续时间与具体路径、电流的种类和频率的高低、人体状态等。其中，通过人体电流的大小和触电时间的长短最主要。

二、触电事故发生的原因及规律

1. 人体被电击方式

在低压情况下，人体被电击方式有人体与带电体的直接接触电击和间接电击两大类。

（1）人体与带电体的直接电击　人体与带电体的直接接触电击可分为单相电击和两相电击。

①单相电击。人体接触三相电网中带电体的某一相时，电流通过人体流入大地，这种电击方式称为单相电击。

中性点直接接地系统的单相电击如图3-11（a）所示。当人体触及某一相导体时，相电压作用于人体，电流经过人体、大地、系统中性点接地装置、中性线形成闭合回路，由于中性点接地装置的电阻R_0比人体电阻小得多，则相电压几乎全部加在人体上。设人体电阻R_r为1000 Ω，电源相电压U_{ph}为220 V，则通过人体的电流I_r约为220 mA，这足以使人致命。

一般情况下，鞋子有一定的限流作用，人体与带电体之间以及站立点与地之间也有接触电阻，所以实际电流比220 mA要小，人体电击后，有时可以摆脱。但人体由于遭受电击的突然袭击，慌乱中易造成二次伤害事故，例如空中作业人体被电击时摔到地面等。所以电气工作人员工作时应穿合格的绝缘鞋，在配电室的地面上应垫有绝缘橡胶垫，以防电击事故的发生。

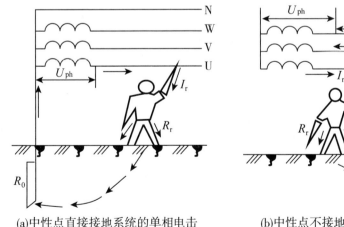

(a)中性点直接接地系统的单相电击　　(b)中性点不接地系统的单相电击

图3-11　单相电击示意图

中性点不接地系统的单相电击如图3-11（b）所示。当人站立在地面上，接触到该系统的某一相导体时，由于导线与地之间存在对地阻抗Z_c（由线路的绝缘电阻R和对地电容C组成），则电流以人体接触的导体、人体、大地、另两相导线对地阻抗Z_c构成回路，通过人体的电流与线路的绝缘电阻及对地电容的数值有关。在低压系统中，对地电容C很小，通过人体的电流主要取决于线路的绝缘电阻R。正常情况下，R相当大，通过人体的电流很小，一般不致造成对人体的伤害；但当线路绝缘下降，R减小时，单相电击对人体的危害仍然存在。而在高压系统中，线路对地电容较大，则通过人体的电容电流较大，这将危及被电击者的生命。

②两相电击。当人体同时接触带电设备或线路中的两相导体时，电流从一相导体经人体流入另一相导体，构成闭合回路，这种电击方式称为两相电击，如图3-12所示。此时，加在人体上的电压为线电压，接近相电压的两倍，因此，两相电击比单相电击的危险性更大图3-12。

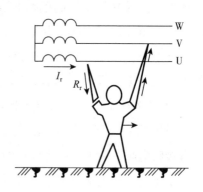

图3-12　两相电击示意图

（2）间接电击。间接电击是由于电气设备绝缘损坏发生接地故障，设备金属外壳及接地点周围出现对地电压引起的，它包括跨步电压电击和接触电压电击。

①跨步电压电击。当电气设备或载流导体发生接地故障时，接地电流将通过接地体流向大地，并在地中接地体周围作半球形的散流。此时，人在有电位分布的故障区域内行走时，两脚之间呈现电位差，即跨步电压，由跨步电压引起的电击叫跨步电压电击。

②接触电压电击。电气设备由于绝缘损坏、设备漏电，使设备的金属外壳带电。接触电压是指人触及漏电设备的外壳后，加于人手与脚之间的电位差。脚距漏电设备0.8 m、手触及设备处距地面垂直距离1.8 m时，由接触电压引起的电击叫接触电压电击。若设备外壳不接地，在此接触电压下的电击情况与单相电击情况相同；若设备外壳接地，则接触电压为设备外壳对地电位与人站立点的对地电位之差。当人需要接近漏电设备时，为防止接触电压电击，应戴绝缘手套、穿绝缘鞋。

2. 触电事故发生的原因

造成触电事故发生的原因很多，人们从大量的触电事故分析及生产实际中，总结出以下一些造成触电事故的主要原因：

（1）缺乏电气安全知识。如带电拉高压隔离开关；用手触摸破的胶盖刀闸；儿童玩弄带电导线等。

（2）违反操作规程。如在高低压共杆架设的线路电杆上检修低线或广播线；剪修高压线附近树木而接触高压线；在高压线附近施工，或运输大型货物，施工工具和货物碰击高压线；带电接临时明线及临时电源；火线误接在电动工具外壳上；用湿手拧灯泡；带式照明灯使用的电压不符合安全电压等。

（3）电气设备不合格。如闸刀开关或磁力启动器缺少护壳而触电；电气设备漏电；电炉的热元件没有隐蔽；电器设备外壳没有接地而带电；配电盘设计和制造上的缺陷，使配电盘前后带电部分易于触及人体；电线或电缆因绝缘磨损或腐蚀而损坏；在带电下拆装电缆等。

（4）维修不善。如大风刮断的低压线路未能及时修理；胶盖开关破损长期不修；瓷瓶破裂后火线与拉线长期相碰等。

（5）偶然因素。如大风刮断的电线恰巧落在人体上等。

从以上触电原因分析中可以看出，除了偶然因素外，其他的都是可以避免的。

3. 触电事故发生的规律

触电事故往往发生很突然，且常常在极短时间内就可能造成严重后果。但触电事故也有一定的规律，根据对触电事故的统计分析，从触电事故的发生频率上看，可得出如下规律：

（1）触电事故的季节性明显。统计资料表明，一年之中二、三季度事故较多，而且6～9月最集中。这与夏秋季多雨、天气潮湿，降低了电气设备的绝缘性能有关。

（2）低压触电事故多于高压触电事故。主要原因是低压设备多，低压电网广泛，与人接触机会多，加工低压设备管理不严，思想麻痹等。低压触电事故主要发生在远离变压器和总开关的分支线路部分，尤其是线路的末端，即用电设备上，包括照明和动力设备。其中属于人体直接接触正常运行带电体的直接电击者要少于间接触及者，即因电气设备发生故障，人体触及意外带电体而发生触电事故的较多。

（3）单相触电事故多，占总触电事故的70%以上。低压系统触电事故大多数是电击造成的，按其形成方式可以分为三种电击：单线电击、双线电击和跨步电压电击。

（4）发生在线路部位的触电事故较普遍。线路部位触电事故发生在变压器出口总干线上的少，而发生在分支线上的多，且发生在远离总开关线路部分的更为普遍。这是因为，人们在检修或接线时贪图方便，带电接线。插销、开关、熔断器、接头等连接部位，容易接触不良而发热，造成电气绝缘和机械强度下降，致使这些部位易发生触电事故。

（5）误操作触电事故较多。由于电气安全教育不够，电气安全措施不完备，致使受害者本人或他人误操作造成的触电事故较多。从触电者的年龄来看，青、中年普通工人较多，这些人是电气的主要操作者，有的还缺乏电气安全知识、经验不足，以及思想麻痹等。

三、电击接触的防护

触电事故按造成事故的原因来分，又可以分为直接接触触电事故和间接接触触电事故。直接接触触电是指人体触及正常运行的设备和线路的带电体，造成的触电；间接接触触电是指设备和线路发生故障时，人体触及正常情况下不带电而故障时带电的带电体而造成的触电。

（一）直接电击的防护措施

直接电击保护又称为正常工作的电击保护，也称为基本保护，主要是防止直接接触到带电体。其主要措施有绝缘、采用安全电压、屏护与电气安全间距和采用电气安全用具4项措施。

1. 绝缘

所谓绝缘就是用绝缘材料把带电体封闭起来，借以隔离带电体或不同电位的导体，使电流能按一定的通路流通。良好的绝缘既是保证设备和线路正常运行的必要条件，也是防止人体触及带电体的基本措施。电气设备的绝缘只有在遭受到破坏时才能除去。绝缘材料又称电介质，它在直流电流的作用下，只有极小的电流通过，其电阻率大于$10^9\ \Omega \cdot cm$。绝缘材料的品种很多，通常分为气体绝缘材料、液体绝缘材料和固体绝缘材料三大类。电气设备的绝缘材料在运行过程中，由于各种因素的长期作用，会发生一系列的化学物理变化，从而导致其电气性能和机械性能的逐步劣化，这一现象称为绝缘老化。一般在低压电气设备中，绝缘老化主要是热老化。衡量一种绝缘材料性能好坏主要有绝缘电阻等性能指标。

2. 采用安全电压

所谓安全电压是指为了防止触电事故而由特定电源供电时所采用的电压系列。安全电压又称安全特低电压，其安全值取决于人体允许电流和人体电阻的大小。

我国标准规定工频电压有效值的限值为50 V、直流电压的限值为120 V。我国标准还推荐：当接触面积大于1 cm^2、接触时间超过1秒时，干燥环境中工频电压有效值的限值为33 V，直流电压限值为70 V；潮湿环境中工频电压有效值的限值为16 V，直流电压限值为35 V。限值是在任何运行情况下，任何两导体间可能出现的最高电压值。

我国标准规定工频电压有效值的额定值有42 V、36 V、24 V、12 V和6 V。特别危险环境中使用的手持电动工具应采用42 V安全电压；在有电击危险环境中使用的手持照明灯和局部照明灯应采用36 V或24 V安全电压；金属容器内、隧道内、水井内以及周围有大面积接地导体等工作地点狭窄、行动不便的环境或特别潮湿的环境应采用12 V安全电压；水下作业等场所应采用6 V安全电压。当电气设备采用24 V以上安全电压时，必须采取直接接触电击的防护措施。

3. 屏护和电气安全间距

屏护和电气安全间距是最为常用的电气安全措施之一。从防止电击的角度而言，屏护和安全间距属于防止直接接触的安全措施。此外，屏护和安全间距还是防止短路、故障接地等电气事故的安全措施之一。

（1）屏护。所谓屏护是指采用遮栏、护罩、护盖、箱匣等把危险的带电体同外界隔离开来的安全防护措施。屏护的特点是屏护装置不直接与带电体接触，对所用材料的电气性能无严格要求，但应有足够的机械强度和良好的耐火性能。屏护装置按使用要求分为永久性屏护装置和临时性屏护装置，前者如配电装置的遮栏、开关的罩盖等；后者如检修工作中使用的临时屏护装置和临时设备的屏护装置等。屏护装置按使用对象分为固定屏护装置和移动屏护装置，如母线的护网就属于固定屏护装置；而跟随天车移动的天车滑线屏护装置就属于移动屏护装置。屏护装置主要用于电气设备不便于绝缘或绝缘不足以保证安全的场合。

以下场合需要屏护：①开关电器的可动部分，如闸刀开关的胶盖、铁壳开关的铁壳等；②人体可能接近或触及的裸线、行车滑线、母线等；③高压设备，无论是否有绝缘；④安装在人体可能接近或触及场所的变配电装置；⑤在带电体附近作业时，作业人员与带电体之间、过道、入口等处应装设可移动临时性屏护装置。

（2）安全间距。安全间距是指带电体与地面之间，带电体与其他设备和设施之间，带电体与带电体之间必要的安全距离。间距的作用是防止触电、火灾、过电压放电及各种短路事故，以及方便操作。其距离的大小取决于电压高低、设备类型、安装方式和周围环境等。一般包括线路间距、用电设备间距和检修间距等几种类型。线路间距又可分为架空线路间距、户内线路间距和电缆线路间距，其中户内线路间距要求见表3-3。

表3-3　户内低压线路与工业管道和工艺设备之间的最小距离　　单位：mm

布线方式		穿金属管导线	电缆	明设绝缘导线	裸导线	超重机滑触线	配电设备
煤气管	平行	100	500	1 000	1 000	1 500	1500
	交叉	100	300	300	500	500	—
乙炔管	平行	100	1 000	1 000	2 000	3 000	3 000
	交叉	100	500	500	500	500	—
氧气管	平行	100	500	500	1 000	1 500	1 500
	交叉	100	300	300	500	500	—
蒸汽管	平行	1 000（500）	1 000（500）	1 000（300）	1 000	1 000	500
	交叉	300	300	300	500	500	—
暖热水管	平行	300（200）	500	300（200）	1 000	1 000	100
	交叉	100	100	100	500	500	—
通风管	平行	—	200	200	1 000	1 000	100
	交叉	—	100	100	500	500	—
上下水管	平行	—	200	200	1 000	1 000	100
	交叉	—	100	100	500	500	—
压缩空气管	平行	—	200	200	1 000	1 000	100
	交叉	—	100	100	500	500	—
工艺设备	平行	—	—	—	1 500	1 500	100
	交叉	—	—	—	1 500	1 500	—

明装的车间低压配电箱底口的高度可取1.2 m，暗装的可取1.4 m。明装电能表板底距地面的高度可取1.8 m。常用开关电器的安装高度为1.3～1.5 m，开关手柄与建筑物之间保留150 mm的距离，以便于操作。墙用平开关，离地面高度可取1.4 m。明装插座离地面高度可取1.3～1.8 m，暗装的可取0.2～0.3 m。户内灯具高度应大于2.5 m；受实际条件约束达不到时，可减为2.2 m；低于2.2 m

时，应采取适当安全措施。当灯具位于桌面上方等人碰不到的地方时，高度可减为1.5 m。户外灯具高度应大于3 m，安装在墙上时可减为2.5 m。起重机具至线路导线间的最小距离，1 kV及1 kV以下者不应小于1.5 m，10 kV者不应小于2 m。

4. 电气安全用具

电气安全用具是用来防止工作人员触电、坠落、灼伤等人身事故，保证工作人员安全的各种专用电工用具。主要包括起绝缘作用的绝缘安全用具，如绝缘棒、绝缘鞋等；起验电作用的电压指示器；登高作业用的保安腰带以及保证检修安全的临时接地线、遮栏、标示牌等。电气工作人员在进行电气作业时必须按规定配带和使用电气安全工具。

（二）间接电击的防护措施

间接电击保护又称故障下的电击保护，也称附加保护，一般采用以下措施。

1. 保护接地

保护接地就是将在正常情况下不带电、在故障情况下可能呈现危险的对地电压的金属部分同大地紧密地连接起来，把设备上的故障电压限制在安全范围内的安全措施。保护接地常简称为接地。

（1）保护接地的原理。保护接地应用十分广泛，属于防止间接接触电击的安全技术措施，保护接地也称"IT"保护系统，其电路原理图如图3-13所示。

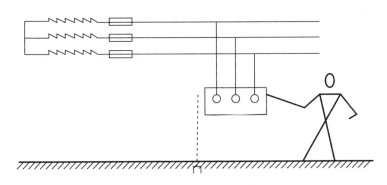

图3-13　It保护系统原理图

保护接地的作用原理是利用数值较小的接地装置电阻（低压系统一般应控制在4 Ω以下）与人体电阻并联，将在故障情况下可能呈现危险的对地电压的金属部分同大地紧密连接起来，把漏电设备上的故障电压大幅度地降低至安全范围内的措施。此外，由于人体电阻远大于接地电阻，由于并联分流作用，通过人体的故障电流将远比流经接地装置的电流要小得多，对人体的危害程度也就极大地减小了。

（2）接地装置。接地装置是由埋入土中的金属接地体（角钢、扁钢、钢管等）和连接用的接地线构成。运行中的电气设备的接地装置应始终保持良好的状态。接地体有自然接地体和人工接地体两种类型。自然接地体是指用于其他目的但与土壤保持紧密接触的金属导体，如埋设在地下的金属管道；人工接地体可采用钢管、圆钢、扁钢或废钢材制成。接地线即连接接地体与电气设备接地部分的金属导体，有自然接地线与人工接地线之分，还可分为接地干线与接地支线。

（3）接地装置的安装。人工接地体在土中的埋设深度不应小于0.5 m，机电系统接地体一般埋设深度为0.6～0.8 m。人工接地体的长度宜为2.5 m，人工垂直接地间的距离及人工水平接地体间的距离宜为5 m，当受地方限制时适当减小。埋于土中的人工垂直接地体宜采用角钢、钢管或圆钢，埋于土中的人工水平接地体宜采用扁钢或圆钢，圆钢直径不应该小于10 mm，扁钢截面不应该小于100 mm^2，其厚度不应该小于4 mm，角钢厚度不应该小于4 mm，钢管壁厚不应该小于3.5 mm，在腐蚀性较强的土中，应采取热镀锌防护措施或加大截面，接地线应与水平接地体的界面相同。埋于土中的接地装置，其连接方式应采用焊接，并在焊接处作防腐处理。在接地电阻检测点和不许焊接的地方，才允许用螺栓连接，采用螺栓连接时，接地线间的接触面、螺栓螺母和垫圈均应镀锌。将室外接地装置的接地线或镀锌角钢引入室内后，应将室内设备的防雷线路与之连接。接地线路规格由具体情况而定，直径应不小于6 mm。

2. 保护接零

保护接零是指将电气设备在正常情况下不带电的金属部分（外壳），用导线与电压电网的零线（中性线）连接起来。与保护接地相比，保护接零能在更多的情况下保证人身的安全，防止触电事故。

（1）保护接零的原理。保护接零也是防止间接电击的安全措施。保护接零也称"tN"保护系统，其做法就是将设备外壳与电网的中性线连接起来，其工作原理见图3-14。保护接零一般与熔断器、自动开关等保护装置配合，在实施保护接零的低压系统中，电气设备一旦发生了单项碰壳漏电故障，便形成了一个单相短路回路，短路电流就由相线流经外壳到零线，再回到中性点。因该回路中不包含工作接地电阻与保护接地电阻，整个故障回路的电阻、电抗都很小，所以有足够大的故障电流使线路上的保护装置在最短时间内迅速动作（如熔丝熔断、保护装置或自动开关跳闸等），从而将故障的设备电源断开，保障了人身安全。保护接零适用于中性点直接接地的380 V/220 V三相四线制电网。

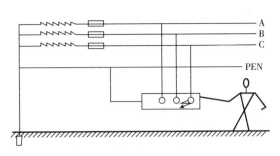

图3-14　tN保护系统原理图

（2）保护接零的分类。tN保护系统有三种类型，即 tN-S系统、tN-C-S系统和tN-C系统，分别见图3-15 ~ 图3-17。

tN-S系统可用于爆炸、火灾危险性较大或安全要求较高的场所，适宜于独立附设变压电站的车间，也适用于科研院所、计算机中心、通信局站等。正常工作条件下，外露导电部分和保护导体呈现零电位——最"干净"系统。

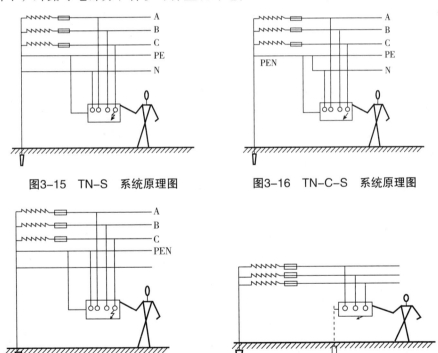

图3-15　TN-S　系统原理图　　　　图3-16　TN-C-S　系统原理图

图3-17　TN-C　系统原理图　　　　图3-18　TT　系统原理图

tN-C-S系统适宜于厂内设有总变压器，厂内低压配电的场所及民用楼房等。

tN-C系统可用于爆炸、火灾危险性不大，用电设备较少，用电线路简单且安全条件较好的场所。

（3）采用保护接零的基本要求。保护接零应符合的基本要求如下：①三相四线制低压电源的中性点必须接地良好，工作接地电阻应符合要求；②采用保护接零方式时，必须装设足够数量的重复接地装置；③在起保护作用的零线上，绝不允许装设熔断器和开关；④在同一供电系统中，不允许装设接地不接零；⑤所有电气设备的保护零线，应以并联方式连接到零干线E。

3. 工作接地

工作接地也称为"ｔｔ"系统，如图3-18所示。ｔｔ系统中，若不采用保护接地，当人体接触一相碰壳的电气设备时，人体相当于发生单相电击，作用于人体接触电压为220 V，足以使人致命。

若采用保护接地，电流将经人体电阻和设备接地电阻的并联支路及电源中性点接地电阻、电源形成回路，人体的接触电压为110 V，对人身安全仍有致命的危险。所以，在中性点直接接地的低压系统中，电气设备的外壳采用保护接地仅能减轻电击的危险程度，并不能保证人身安全；对于一般的过流保护，实现速断是不可能的。因此，一般情况下不能采用ｔｔ系统，如确有困难不得不采用，则必须将故障持续时间限制在允许范围内。在ｔｔ系统中，故障最大持续时间原则上不得超过5秒。ｔｔ系统主要用于低压共用用户，即用于未装备配电变压器，从外面引进低压电源的小型用户。

四、漏电保护器

漏电保护器也叫触电保安装置或残余电流保护装置，它主要用于防止由于间接接触和直接接触引起的单相触电事故，它还可以用于防止因电气设备漏电而造成的电气火灾爆炸事故，有的漏电保护器还具有过载保护、过压保护和欠压保护、缺相保护等功能。漏电保护器主要用于1 000 V以下的低压系统和移动电动设备的保护，也可用于高压系统的漏电检测。

1. 漏电保护器的基本结构和工作原理

漏电保护器的基本结构由三部分组成，即检测机构、判断机构和执行机构。在电力系统中，当有人触电或者设备漏电时，一般会出现两种异常现象，一是产生漏电电流（漏电是指电器绝缘损坏或其他原因造成导电部分碰壳时，如果电器的金属外壳是接地的，那么电就由电器的金属外壳经大地构成通路，从而形成电流，即漏电电流，也叫作接地电流），二是出现漏电电压。因为电气设备在正常工作条件下，从电网流入的电流和流回电网的电流总是相等的，但当电气设备漏电或有人触电时，流入电气设备的电流就有一部分直接流入大地或经过人体流入大地，这部分流入大地并且经过大地回到变压器中性点的电流就是漏电电流。有了漏电电流，从电气设备流入电网的电流和从电网流入电气设备的电流就不相等了。另外，电气设备正常工作时，壳体对地电压是为零的，在电气设备漏电时，壳体对地电压就不为零了，而出现的对地电压就叫漏电电压。

漏电保护器的工作原理如图3-19所示。在电路正常情况下，由KCL定律可知，通过 tA一次侧电流的相量和等于零→ tA铁心中磁通的相量和也为零→ tA二次侧不产生感应电动势→漏电保护装置不动作→系统保持正常供电。

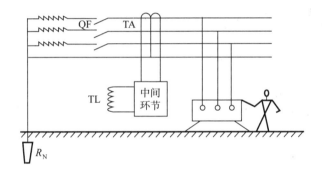

图3-19　漏电保护器工作原理图

tA-零序电流互感器；　QF-主开关；tL-主开关QF的分离脱扣器线圈

当电路发生漏电或有人触电时，漏电电流的存在→通过 tA一次侧各相负荷电流的相量和不再等于零（即产生了残余电流）→ tA铁心中磁通的相量和也不再为零（在铁心中产生交变磁通）→ tA二次侧产生感应电动势（漏电信号）→中间环节进行处理和比较→（当达到预定值时）主开关分离脱扣器线圈 tL通电→主开关QF被驱动自动跳闸→迅速切断被保护电路的供电电源→实现保护。

2. 漏电保护器的分类

漏电保护器按照不同的分类方法可分为不同的类型，如按检测信号分，可分为电压型和电流型；按放大机构分，可分为电子式和电磁式；按漏电动作电流分，可分为高灵敏度、中灵敏度和低灵敏度。动作电流可分为0.006 A、0.01 A、

0.015 A、0.03 A、0.05 A、0.075 A、0.1 A、0.2 A、0.3 A、0.5 A、1 A、3 A、5 A、10 A、20 A等15个等级，其中30 mA以下（包括30 mA）属于高灵敏度，主要用于防止各种人身触电事故；30 mA以上及1 000 mA以下（包括1 000 mA）的属于中灵敏度，用于防止触电事故和漏电火灾事故；1 000 mA以上属于低灵敏度，用于防止漏电火灾和监视一相触电事故。为了避免误动作，保护装置的不动作电流不得低于额定动作电流的一半。此外，还可以按相数分为单相和三相，按动作时间分为快速型、定时限型和延时限型等。

漏电保护器的动作时间是指动作时的最大分段时间。快速型和定时限型漏电保护器的动作时间见表3–4。延时限型只能用于动作电流30 mA以上的漏电保护器，其动作时间可选为0.2秒、0.4秒、0.8秒、1秒、1.5秒及2秒。防止触电的漏电保护，宜采用高灵敏度、快速型漏电保护器，其动作电流与动作时间的乘积不应超过30 mA·s。

表3–4　漏电保护器的动作时间

额定动作电流$I_{\Delta N}$/ mA	额定电流/A	动作时间/s		
		$I_{\Delta N}$	$2I_{\Delta N}$	$5I_{\Delta N}$
≤30	任意值	0.2	0.1	—
>30	任意值	0.2	0.1	0.04
	≥40	0.2	—	0.15

3. 漏电保护器的应用

（1）漏电保护器的选用。选择漏电保护器时，首先根据保护对象的不同要求进行选型，既要保证在技术上的有效，还应该考虑经济上的合理性。错误的选型不仅达不到保护的目的，还会造成漏电保护器的拒动作和误动作。正确合理地选用漏电保护器是实施漏电保护措施的关键。具体选用参数标准参见表3–5。

表3–5　漏电保护器选用参考

保护目的	使用场所	额定动作电流/ mA
防止人身触电事故	浴室、游泳池、隧道等	≤10
防止火灾	一般住宅和规模小的建筑物	≤200
防止电气设备烧毁	厂矿企业劳动车间	100 mA到数安培

（2）漏电保护器的安装。必须安装漏电保护器的设备和场所：①属于I类的移动式电气设备及手持式电气工具；②安装在潮湿、强腐蚀性等恶劣环境场所的

电气设备；③建筑施工工地的电气施工机械设备，如打桩机、搅拌机等；④临时用电的电气设备；⑤宾馆、饭店及招待所客房内及机关、学校、企业、住宅等建筑物内的插座回路；⑥游泳池、喷水池、浴池的水中照明设备；⑦安装在水中的供电线路和设备；⑧医院里直接接触人体的电气医用设备；⑨其他需要安装漏电保护器的场所。

（3）有关漏电保护器安装、检查、使用中一般的要求。漏电保护器的安装、检查等应由专业电工负责进行，对电工应进行有关漏电保护器知识的培训、考核，内容包括漏电保护器的原理、结构、性能、安装使用要求、检查测试方法、安全管理等。

五、触电的救护

人受到电击后，往往会出现神经麻痹、呼吸中断、心脏停止跳动等症状，呈昏迷不醒的状态，这时必须迅速进行现场救护。因此，每个电气工作人员和有关人员必须熟练掌握电击急救的方法。电击急救的具体要求应做到八字原则，即迅速（脱离电源）、现场（进行抢救）、准确（姿势）、坚持（抢救），同时应根据伤情需要，迅速联系医疗部门救治。

1. 脱离电源

（1）脱离高压电源。高压电源电压高，一般绝缘物对救护人员不能保证安全，而且往往电源的高压开关距离较远，不易切断电源，发生电击时应采取下列措施：

①立即通知有关部门停电；

②戴好绝缘手套、穿好绝缘靴，拉开高压断路器（高压开关）或用相应电压等级的绝缘工具拉开跌落式熔断器，切断电源。救护人员在操作时应注意保持自身与周围带电部分有足够的安全距离。

（2）注意事项。抢救电击者脱离电源中的注意事项：

①救护人员不得采用金属和其他潮湿的物品作为救护工具；

②未采取任何绝缘措施时，救护人员不得直接触及电击者的皮肤或潮湿衣服；

③在使电击者脱离电源的过程中，救护人员最好用一只手操作，以防自身电击；

④当电击者站立或位于高处时，应采取措施防止电击者脱离电源后摔跌；

⑤夜晚发生电击事故时，应考虑切断电源后的临时照明，以利救护。

2. 现场急救

电击者脱离电源后，应迅速正确判定其电击程度，有针对性地实施现场紧急救护。

（1）电击者伤情的判定。电击者如神态清醒，只是心慌、四肢发麻、全身无力，但没失去知觉，则应使其就地平躺，严密观察，暂时不要站立或走动。电击者如神志不清、失去知觉，但呼吸和心脏尚正常，应使其舒适平卧，保持空气流通，同时立即请医生或送医院诊治。并随时观察，若发现电击者出现呼吸困难或心跳失常，则应迅速用心肺复苏法进行人工呼吸或胸外心脏按压。

如果电击者失去知觉，心跳呼吸停止，则应判定电击者是否属假死症状。电击者若无致命外伤，没有得到专业医务人员证实时，不能判定电击者死亡，应立即对其进行心肺复苏。应在10秒内用看、听、试的方法（如图3-20所示）判定电击者的呼吸、心跳情况。

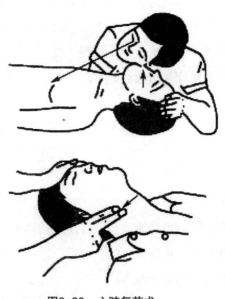

图3-20　心肺复苏术

看——看伤员的胸部、腹部有无起伏动作；

听——用耳贴近伤员的口鼻处，听有无呼吸的声音；

试——试测口鼻有无呼气的气流，再用两手指轻试一侧（左或右）喉结旁凹陷处的颈动脉有无搏动。若看、听、试的结果既无呼吸又无动脉搏动，可判定呼吸心跳停止。

（2）心肺复苏法。电击伤人员呼吸和心跳均停止时，应立即按心肺复苏支持生命的三项基本措施，正确地进行就地抢救。

①畅通气道。电击者如呼吸停止，抢救时重要的一环是始终确保气道畅通，如发现伤员口内有异物，可将其身体及头部同时旋转，迅速用一个手指或用两手指交叉从口角处插入，取出异物。操作中要防止将异物推到咽喉深部。

畅通气道可以采用仰头抬颏法，如图3-21所示。用一只手放在电击者前额，另一只手的手指将其下颌骨向上抬起，两手协同将头部推向后仰，舌根随之抬起。严禁用枕头或其他物品垫在电击者头下，因为头部抬高前倾会加重气道阻塞，且使胸外按压时流向脑部的血流减少，甚至消失。

②口对口（鼻）人工呼吸。在保持电击者气道通畅的同时，救护人员在电击者头部的右边或左边，用一只手捏住电击者的鼻翼，深吸气，与伤员口对口紧合，在不漏气的情况下，连续大口吹气两次，每次1~1.5秒，如图3-22所示。如两次吹气后试测颈动脉仍无搏动，可判断心跳已经停止，要立即同时进行胸外按压。

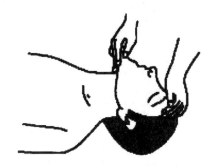

图3-21　仰头抬颏法畅通气道

图3-22　口对口人工呼吸

除开始大口吹气两次外，正常口对口（鼻）人工呼吸的吹气量不需过大，但要使电击人的胸部膨胀，每5秒就吹一次（吹2秒，放松3秒）。对电击的小孩，只能小口吹气。

救护人换气时，放松电击者的嘴和鼻，使其自动呼气。吹气时如有较大阻力，可能是头部后仰不够，应及时纠正。

电击者如牙关紧闭，可口对鼻人工呼吸。口对鼻人工呼吸时，要将伤员嘴唇紧闭，防止漏气。

③胸外按压。人工胸外按压法的原理是用人工机械方法按压心脏，代替心脏跳动，以达到血液循环的目的。凡电击者心脏停止跳动或不规则的颤动时，可立即用此法急救。

首先，要确定正确的按压位置。确定正确按压位置的步骤为：右手的食指和中指沿电击者的右侧肋弓下缘向上，找到肋骨和胸骨结合点的中点；两手指并齐，中指放在切迹中点（剑突底部），食指放在胸骨下部；另一只手的掌根紧挨食指上缘，置于胸骨上，即为正确按压位置，如图3-23所示。

其次，保持正确的按压姿势。正确的按压姿势为：使电击者仰面躺在平硬的地方，救护人员立或跪在伤员一侧肩旁，救护人员的两肩位于伤员胸骨正上方，两臂伸直，肘关节固定不屈，两手掌根相叠，手指翘起，不接触电击者胸壁；以髋宽关节为支点，利用上身的重力，垂直将正常成人胸骨压陷3～5 cm（儿童和瘦弱者酌减）；压至要求程度后，立即全部放松，但救护人员的掌根不得离开胸壁，如图3-24所示。

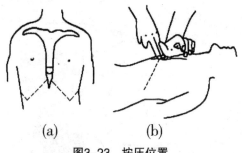

(a)　　　　(b)

图3-23　按压位置

图3-24　按压姿势

再次，按压必须有效。按压有效的标志是按压过程中可以触及颈动脉搏动。操作频率分别为：胸外按压要以均匀速度进行，每分钟80～100次，每次按压和放松的时间相等；胸外按压与口对口（鼻）人工呼吸同时进行，其节奏为单人抢救时，每按压15次后吹气2次，反复进行，双人抢救时，每按压5次后由另一人吹气1次，反复进行。

3. 抢救过程中的再判定

胸外按压和口对口（鼻）人工呼吸1分钟后，应再用看、听、试方法在5～7秒时间内对电击者呼吸及心跳是否恢复进行判定。

若判定颈动脉已有搏动但无呼吸，则暂停胸外按压，再进行2次口对口

（鼻）人工呼吸，接着每5秒吹气一次。如果脉搏和呼吸均未恢复，则继续坚持心肺复苏法抢救。

在抢救过程中，要每隔数分钟再判定一次，每次判定时间均不得超过5~7秒。在医务人员未接替抢救前，现场抢救人员不得放弃现场抢救。

4. 现场急救注意事项

现场急救注意事项有：

①现场急救贵在坚持；

②心肺复苏应在现场就地进行；

③现场电击急救时，对采用肾上腺素等药物应持慎重态度，如果没有必要的诊断设备条件和足够的把握，不得乱用；

④对电击过程中的外伤特别是致命外伤（如动脉出血等）也要采取有效的方法处理。

5. 抢救过程中电击伤员的移动与转院

心肺复苏应在现场就地坚持进行，不要为方便而随意移动伤员，如确需要移动时，抢救中断时间不应超过30秒。

移动伤员或将伤员送医院时，应使伤员平躺在担架上，并在其背部垫以平硬宽木板。在移动或送医院过程中，应继续抢救。心跳、呼吸停止者要继续用心肺复苏法抢救，在医务人员未接替救治前不能中止。

应创造条件，用塑料袋装入碎冰屑做成帽子状包绕在伤员头部，并露出眼睛，使脑部温度降低，争取心、肺、脑完全复苏。

6. 电击伤员好转后处理

如果电击者的心跳和呼吸经抢救后均已恢复，则可暂停心肺复苏法操作。但心跳、呼吸恢复的早期有可能再次骤停，应严密监护，不能麻痹，要随时准备再次抢救。初期恢复后，伤员可能神志不清或精神恍惚、躁动，应设法使其安静。

7. 外伤处理

对于电伤和摔跌造成的人体局部外伤，在现场救护中也不能忽视，必须作适当处理，防止细菌侵入感染，防止摔跌骨折刺破皮肤及周围组织、刺破神经和血管，避免引起损伤扩大，然后迅速送医院治疗。

外伤处理主要有：

①一般性的外伤表面，可用无菌盐水或清洁的温开水冲洗后，用消毒纱布、防腐绷带或干净的布片包扎，然后送医院治疗。

②伤口出血严重时，应采用压迫止血法止血，然后迅速送医院治疗；如果伤口出血不严重，可用消毒纱布叠几层盖住伤口，压紧止血。

③高压电击时，可能会造成大面积严重的电弧灼伤，往往深达骨骼，处理起来很复杂。现场可用无菌生理盐水或清洁的温开水冲洗，再用酒精全面消毒，然后用消毒被单或干净的布片包裹送医院治疗。

④对于因电击摔跌而四肢骨折的电击者，应首先止血、包扎，然后用木板、竹竿、木棍等物品临时将骨折肢体固定，然后立即送医院治疗。

第三节　静电安全技术

一、工业静电的产生

静电通常是静止的电荷，就是在绝缘体或导体上聚集的正电荷或负电荷。"静"这个词的简单意思是在两个物体之间的电容量有所降低之前，电荷不会由于电动力而被平衡或迁移。工艺过程中产生的静电能虽然不大，但因其电压可能很高，容易发生放电，如果其周围存在爆炸性气体混合物、爆炸性粉尘，则可能引发爆炸和火灾。除此之外，静电也可能给人以电击，造成二次事故，还可能妨碍生产。为了便于正确理解静电防护的机理，首先需要对静电的产生有个大致的了解。

1. 接触起电

物质都是由分子组成，分子是由原子组成，原子中有带负电的电子和带正电荷的质子。

在正常状况下，一个原子的质子数与电子数量相同，正负电荷平衡，所以对外表现出不带电的现象。但是电子环绕于原子核周围，遇到足够的外力时即脱离轨道，离开原来的原子A，而侵入其他的原子B。A原子因缺少电子数而呈现出带正电现象，称为阳离子；B原子因增加电子数而呈现出带负电现象，称为阴离子。在日常生活中，任何两个不同材质的物体接触后再分离（摩擦），即可产生静电，如人在绝缘地面上走动时，鞋底和地面不断地紧密接触和分离，使地面和鞋底分别带上不同符号的电荷。若人穿塑料底鞋，在胶板地面上走动时，可使人体带2～3 kV负电压，这就是因接触产生的静电。

2. 感应起电

在工业生产中，带静电的物体能使附近不相连的导体，如金属管道、零件表面的不同部位或人体出现带有电荷的现象，这就是静电感应起电。如当人走近已带电的物体或人时，将引起静电感应，感应所得的与带电物体（或人）符号相同的电荷通过鞋底移向大地，或通过正在操作接地设备的手移向大地，使人体上只带一种符号的电荷。当人离开带电物体（或人）时，人体就带有了静电。这就是人体的感应起电。

3. 吸附起电

某种极性的离子或带电粉尘附着到与地绝缘的固体或人体上，能使该物体或人体带上静电或改变其带电状况。如带电微粒或小液滴（水汽、油气等）的空间活动后，由于带电微粒或小液滴降落在人体上，被人体所吸附而使人体带电。又如在粉体粉碎及混合等车间工作的人，会有很多带电的粉体颗粒附着在人体上，使人体带电。物体或人体获得电荷的多少，取、决于物体对地电容及周围条件，如空气湿度、物体形状等。

以上三种方式都能使人体带上静电，而影响人体静电的因素主要有如下三方面。

（1）起电速率和人体对地电阻对人体起电的影响。起电速率是单位时间内的起电量。它是由人的操作速度或活动速度决定的。人的操作速度或活动速度越大，起电速率就越大，人体的起电电位就越高；反之，起电速率就越小，人体的起电电位就越低。

人体的对地电阻对人体的饱和带电量和带电电位也有影响。在起电速率一定的条件下，对地电阻越大，对地放电时间常数就越大；饱和带电量越大，人体带电电位也越高。

（2）衣装电阻率对人体起电的影响。实践经验告诉人们，在现代化生产和运输所达到的速率下，常常是电阻率高的介质起电量大。人的衣装材料一般属于介质（抗静电工作服除外）。高电阻率介质的放电时间常数大，因而积累的饱和电荷也大，所以不同质料的衣装对人体的起电量有不同的影响。

（3）人体电容对人体起电的影响。人体电容是指人体的对地电容。它是随人体姿势、衣装厚薄和材质不同而不同的可变量。人体电容一般为100~200 pF，特殊场合下可达300~600 pF。不同场合人体电容的变化是很大的。人体带电后，如果放电很慢，这时人体电容的减小会引起人体电位升高从而使静电能量增加。

在工业生产中，除了上述静电起电方式外，另外还有压电效应起电、电解起电、极化起电、飞沫带电以及喷出带电等方式。需要指出的是，在实际生产活动中，产生静电的方式不是孤立单一的，如摩擦中起电的方式就包括接触起电、热电效应起电、压电效应起电等形式。

二、静电的特点与危害

1. 静电的特点

（1）静电电压高。静电能量不大，但其电压很高。带静电的物体表面具有电位的大小与电量Q成正比、与物体分布电容C成反比，所以当物体带电量一定时，改变物体的电容可以获得很高的电压。实践表明，固体静电可达20 000 V以上，液体静电和粉体静电可达数万伏，气体和蒸汽静电可达10 000 V以上，人体静电也可达10 000 V以上。

（2）静电泄漏慢。非导体上静电泄漏很慢是静电的另一特点。理论证明，静电电荷全部泄漏需要无限长的时间，所以人们用"半衰期"这一概念去衡量物体静电泄漏的快慢。所谓半衰期就是带电体上电荷泄漏到原来一半时所需要的时间，用公式表示为：

$$t_{1/2}=0.69RC$$

由于积累静电的材料的电阻率都很高，其电阻R也都很大，所以其上静电泄漏的半衰期就很长，其上静电泄漏都很慢。

（3）静电影响因素多。漏静电产生和积累受到材质、杂质、物料特征、工艺设备（如几何形状、接触面积）和工艺参数（如作业速度）、湿度和温度、带电历程等因素的影响。由于影响静电因素众多，静电事故的随机性强。

（4）静电屏蔽。静电场可以用导电的金属加以屏蔽。可以用接地的金属网、容器等将静电屏蔽起来，不使外界遭受静电的危害。相反，使屏蔽的物体不受外电场感应起电，也是"静电屏蔽"，静电屏蔽在安全生产上广为利用。

静电除上述特点外，还具有远端放电、尖端放电等特性。

2. 静电的危害

工业生产中所产生的静电，其可能造成的危害主要表现为爆炸和火灾、静电电击、妨碍生产。

（1）爆炸和火灾。静电电量虽然不大，但因其电压很高而容易发生放电，产生静电火花。在具有可燃液体的作业场所（如油品装运场所），可能因静电火花引起火灾；在具有爆炸性粉尘或爆炸性气体（如煤粉、面粉、铝粉、氢气等）、蒸气的作业场所，可能因静电火花引起爆炸。

（2）静电电击。当人体接近带静电体的时候，带静电荷的人体（人体所带静电电压可达上万伏）在接近接地体时就有可能发生电击。由于静电能量很小，静电电击不会直接致命，但可能因电击坠落摔倒引起二次事故。

（3）妨碍生产。在某些生产过程中，如不清除静电，将会妨碍生产或降低产品质量。例如，在纺织行业，静电使纤维缠结，吸附尘土，降低纺织品质量；在印刷行业，静电使纸张不齐，不能分开，影响印刷速度和质量；静电还可能引起电子元件误动作。

三、静电防护技术

1. 静电消散

中和与泄漏是静电消失的两种主要方式。中和主要是通过空气发生的；后者主要是通过带电体本身及与其相连接的其他物体发生的。

（1）静电中和。正、负电荷相互抵消的现象称为电荷中和。空气中自然存在的带电粒子极为有限，中和速度十分缓慢，一般不会被觉察到。带电体上的静电通过空气迅速的中和发生在放电时。在实际中，放电的形式主要有如下几种：

①电晕放电。发生在带电体尖端附近局部区域内。电晕放电的能量密度不高，如不发展则没有引燃一些爆炸性混合物的危险。

②刷形放电。火花放电的一种，其放电通道有很多分支。刷形放电释放的能量一般不高，应注意其局部能量密度具有引燃一些爆炸性混合物的能力。传播型刷形放电是刷形放电的一种。传播型刷形放电形成密集的火花，火花能量较大，引燃的危险性也较大。

③火花放电。放电通道火花集中的火花放电。在易燃易爆场所，火花放电有很大的危险。

④雷型放电。由大范围、高电荷密度的空间电荷云引起，能发生闪电状的雷型放电。因其能量大，引燃危险性也大。

（2）静电泄漏。物体表面泄漏和内部泄漏是绝缘体上静电泄漏的两条途径。静电表面泄漏过程，其泄漏电流遇到的是表面电阻；静电内部泄漏过程，其泄漏电流遇到的是体积电阻。人们用"半衰期"这一概念去衡量物体静电泄漏的快慢。影响物体静电泄漏因素众多，但由于空气湿度增加能使绝缘体表面电阻大大降低，所以通过增大空气湿度可以加快绝缘体上静电泄漏速度。

2. 防静电安全措施

静电最为严重的危险就是引起爆炸和火灾，因此，静电安全防护主要是对爆炸和火灾的防护。这些措施对于防止静电电击和防止静电影响产生也是有效的。

（1）环境危险程度控制。静电引起爆炸和火灾的条件之一是有爆炸性混合物存在。为防止静电的危险，可采取取代易燃介质、降低爆炸性混合物的浓度、减少氧化剂含量等措施，控制所在环境爆炸和火灾危险程度。

（2）工艺控制。为了有利于静电的泄漏，可采用导电性工具。为了减轻火花放电和感应带电的危险，可采用阻值为107～109 Ω的导电性工具。为了防止静电产生危险放电，燃油在管道流动要尽量缓慢。为了防止静电放电，在液体灌装过程中不得进行取样、检测或测温操作。进行上述操作前，应使液体静置一定时间，使静电得到足够的消散或松弛。为了避免液体在容器内喷射或溅射，应将注油管道延伸至容器底部；装油前清除罐底积水和污物，以减少附加静电。

（3）接地。接地是消除静电危害最简单直接的方法，静电接地的连接线应保证足够的机械强度和化学稳定性，连接应当可靠，不得有任何中断之处。静电接地一般可与其他接地共用，但注意不得由其他接地引来危险电压，以免导致火花放电。静电接地的接地电阻原则不超过1 mΩ即可，对于金属导体，为了检测方便，要求接地电阻不超过1 000 Ω。

在有火灾和爆炸危险的场所，为了避免静电火花造成事故，应采取如下接地措施：

①凡用来加工、贮存、运输各种易燃液体、气体和粉体的设备、贮存池、贮存缸以及产品输送设备、封闭的运输装置、排注设备、混合器、过滤器、干燥器、升华器、吸附器等都必须接地。如果袋形过滤器由纺织品类似物品制成，可以用金属丝穿缝并予以接地。某些危险性较大的场所，为了使转轴可靠接地，可

采用导电性润滑油或采用滑环、碳刷接地。

②厂区及车间的氧气、乙炔等管道必须连接成一个连续的整体，并予以接地。

③注油漏斗、浮动缸顶、工作站台等辅助设备或工具均应接地。

④汽车油槽车行驶时，由于汽车轮胎与路面有摩擦，汽车底盘上可能产生危险的静电电压。为了导走静电电荷，油槽车应带金属链条，链条的上端和油槽车底盘相连，另一端与大地接触。

（4）增湿。增湿即增加现场空气的相对湿度。随着湿度的增加，绝缘体表面上结成薄薄的水膜能使其表面电阻大为降低，同时降低带静电绝缘体的绝缘性，增强其导电性，减小绝缘体通过本身泄放电荷的时间常数，提高泄放速度，限制静电电荷的积累。

生产场所通过安装空调设备、喷雾器等来提高空气的湿度，消除静电危险。从消除静电危害的角度考虑，保持相对湿度在70%以上较为适宜。

（5）加抗静电添加剂。抗静电添加剂具有良好吸湿性或导电性，是特制的辅助剂。在易产生静电的材料中加入某种极微量的抗静电添加剂，能加速对静电的泄漏，消除静电的危险。

（6）中和。这种方法是采用静电中和器或其他方式产生与原有静电极性相反的电荷，使已产生的静电得到中和而消除，避免静电积累。

（7）加强静电安全管理。静电安全管理包括制定相关静电安全操作规程、静电安全指标和开展静电安全教育、静电检测等内容。

第四节　雷击防护技术

一、雷电的基础知识

1. 雷电的产生

雷电是自然界的一种大气放电现象，当空气中的电场强度达到一定程度时，在两块带异号电荷的雷云之间或雷云与地之间的空气绝缘被击穿而剧烈放电，出现耀眼的电光，同时，强大的放电电流所产生的高温使周围的空气或其他介质发生猛烈膨胀，发出震耳欲聋的响声，称为雷电。当雷电电流流过地表的被击物时，具有极大的破坏性，其电压可达数百万至数千万伏，电流达几十万安，造成人畜伤亡、建筑物炸毁或燃烧、线路停电、电气设备损坏及电子系统中断等严重事故。

带电积云是构成雷电的基本条件。积雨云里的气流，使云滴、冰晶受到冲击而发生激烈的碰撞和摩擦，因而破裂分离，同时带上电荷。带正电的小冰晶被气流带到云的顶部，而带负电的大冰晶较重，则下沉到云的下层。这样的积雨云的不同部位就聚集着正电荷或负电荷。当云层里的电荷越积越多，达到一定强度时，或带不同电荷的积云相互接近到一定程度，以及带电积云与大地凸出物接近到一定程度时，就会把阻挡它们结合的空气层击穿。由于云中的电流很强，击穿通道上的空气就会被烧得极为炽热，可达 1 800~2 800℃，发出耀眼的白光——闪电。闪道上的高温，使空气膨胀、水滴汽化膨胀，从而产生冲击波，并发出强烈的爆炸般的轰鸣——雷声。

2. 雷电的种类

雷电的实质是大气中的放电现象，根据雷电的不同形状，大致可以分为片状、线状和球状三种形式，其中最常见的是线状。从危害角度分类，雷电可分直击雷、感应雷（包括静电感应和电磁感应）、球雷和雷电侵入波。

（1）直击雷。闪电直接击在建筑物、其他物体、大地或防雷装置上产生电效应、热效应和机械效应的现象称为直击雷。由于受直接雷击，被击的建筑物、电气设备或其他物体会产生很高的电位，而引起过电压，这时流过的雷电流又很大（达几千安到几百千安），这样极易使电气设备或建筑物损坏，并引起火灾或爆炸事故。当雷击中架空输电线时，也会产生很高的电压（达几千千伏），不仅会常常引起线路放电，造成线路发生短路事故，而且这种过电压还会以波动的形式迅速向变电所、发电厂或其他建筑物内传播，使沿线安装的电气设备绝缘受到严重威胁，往往引起绝缘击穿起火等严重后果。

（2）感应雷。感应雷也称雷电感应，分为静电感应和电磁感应两种。静电感应是在雷云接近地面，在架空线路或其他凸出物顶部感应出大量电荷引起的。在雷云与其他部位放电后，架空线路或凸出物顶部的电荷失去约束，以雷电波的形式，沿线路或凸出物极快地传播。电磁感应是由雷击后伴随的巨大雷电流在周围空间产生迅速变化的强磁场引起的，这种磁场能使附近金属导体或金属结构感应出很高的电压。

（3）球雷。球雷是雷电放电时形成的发红光、橙光、白光或其他颜色光的火球，是一团处在特殊状态下的带电气体。其直径多为20 cm左右，运动速度约为2 m/s，存在时间为数秒到数分钟之间。

（4）雷电侵入波。由于雷电对架空线路和金属管道的作用，雷电波可能沿着这些管线侵入屋内，危及人身安全或损坏设备。直击雷和感应雷都能在架空线路或空中金属管道上产生沿线路或管道的两个方向迅速传播的雷电侵入波。雷电侵入波的传播速度在架空线路中约为300 m/s，在电缆中约为150 m/s。由于雷电侵入波造成高电位的侵入而发生雷害事故，在整个雷害事故中约占71%，比例最大，故对高电位侵入的防护应从多方面考虑。

3. 雷电的危害

雷电对设备和建筑物放电时，强大的雷电流也能在电流通道上产生大量的热量，使温度上升到数千摄氏度，在电气设备上产生过电压，对电气设备和建筑物造成巨大的破坏，对人身构成巨大的威胁。它的主要危害分述如下：

（1）电性质作用的破坏。雷击电力系统电气设备或输电线路时，产生的直击雷过电压幅值高，足以使其绝缘损坏，造成事故；感应产生的过电压虽然其幅值有限，但也会对设备和人身安全构成严重的威胁。

（2）热性质作用的破坏。雷电流流过电气设备、厂房及其他建筑物时，其热效应足以使可燃物迅速着火燃烧；当雷击易燃易爆物体，或雷电波入侵有易燃易爆物体的场所时，雷电放电产生的弧光与易燃易爆物接触，会引起火灾和爆炸事故。

（3）机械性质作用的破坏。雷击建筑物时，雷电流流过物体内部，使物体及附近温度急剧上升。由于高温效应，物体中的气体和物体本身剧烈膨胀，其中的水分及其组成物质迅速分解为气体，产生极大的机械力，加上静电排斥力的作用，将使建筑物造成严重劈裂，甚至爆炸变成碎屑。

（4）雷电放电的静电感应和电磁感应的破坏。雷云的先导放电阶段，虽然其放电时间较长，放电电流较小，也并没有击中建筑物和设备，但先导通道中布满了与雷云同极性的电荷，并在其附近的建筑物和设备上感应出异号的束缚电荷，使建筑物和设备上的电位上升，这种现象叫雷电放电的静电感应。由静电感应产生的设备和建筑物的对地电压可以击穿数十厘米的空气间隙，这对一些存放易燃易爆物质的场所来说是危险的。另外，由于静电感应，附近的金属物之间也会产生火花放电，引起燃烧、爆炸。当输电线路或电气设备附近落雷时，虽然没有造成直击，但雷电放电时，由于其周围电磁场的剧烈变化，在设备或导线上产生感应过电压，其值最大可达500 kV。这对于电压等级较低、绝缘水平不高的设备或输电线路是非常危险的。若在引入室内的电力线路或配电线路上产生过电压，不仅会损坏设备，还会造成人身伤亡事故。

（5）雷电对人身的伤害。人体若直接遭受雷击，其后果是不言而喻的，多数雷电伤人事故是由雷击后的过电压所产生的。过电压对人体伤害的形式可分为冲击接触过电压对人体的伤害、冲击跨步过电压对人体的伤害及设备过电压对人体的反击三种。

（6）雷电侵入波的伤害。雷击物体时，强大的雷电流沿着其接地体流入大地。雷电冲击电流向大地四周发散所形成的散流使接地点周围形成伞形分布的电位场，人在其中行走时两脚之间出现一定的电位差，即冲击跨步电压；雷电流通过设备及其接地装置时会产生冲击高压，人触及设备时手脚之间的电位差就是冲击接触电压；反击伤害是指避雷针、架构、建筑物及设备等在遭受雷击、雷电流流过时产生很高的冲击电位，当人与其距离足够近时，对人体产生放电而使人体受到的伤害。

为了防止雷电对人身伤害事故的发生，《电业安全工作规程》规定，电气运行人员在巡视设备时，雷雨天气不得接近避雷针及其引下线5 m之内。

4. 雷电的参数

雷电参数主要 有雷暴日、雷电流幅值、雷电流陡度和冲击过电压等。

（1）雷暴日。只要一天之内能听到雷声的就算一个雷暴日。年雷暴日数用来衡量雷电活动的频繁程度。雷暴日通常指一年内的平均雷暴日数，即年平均雷暴日，单位 d/a。雷暴日数越大，说明该地雷电活动越频繁。如我国广东省的雷州半岛和海南岛一带雷暴日在80 d/a以上，北京、上海约为40 d/a，天津、济南约为30 d/a等。在我国把年平均雷暴日不超过15 d/a的地区划为少雷区，而超过40 d/a划为多雷区。在防雷设计时，需要考虑当地雷暴日的大小。

（2）雷电流幅值。雷电流幅值是指雷云主放电时冲击电流的最大值。影响雷电流幅值大小的因素很多，其中主要与雷云所积累的电荷和被击物体阻抗有关。如雷击在地面时，土壤电阻率愈小，则地中的电荷越容易集中和释放，雷电流就越大；反之就较小。雷电流的幅值一般可达数十千安至数百千安，为此，雷电流的破坏力十分巨大。

（3）雷电流陡度。雷电流陡度是指雷电流随时间上升的速度。一般来说，雷电流冲击波波头陡度可达50 kA/s，平均陡度约30 kA/s。雷电流陡度越大，对电气设备造成的危害也越大。

（4）冲击过电压。冲击过电压是指雷云主放电时所产生的电压，其大小一般与雷电流的大小、防雷装置的冲击接地电阻、雷电流陡度等因素有关。

二、防雷基本措施

根据不同的保护对象，对直击雷、雷电感应、雷电侵入波应采取适当的安全措施。常用的防雷装置主要有避雷针、避雷线、避雷网、避雷带及避雷器等。完整的防雷装置包括接闪器、引下线和接地装置。而上述避雷针、避雷线、避雷网、避雷带及避雷器实际上都只是接闪器。除避雷器外，它们都是利用其高出被保护物的突出地位，把雷电引向自身，然后通过引下线和接地装置把雷电流泄入大地，使被保护物免受雷击。避雷针、网、带主要用于露天的变配电设备保护；避雷线主要用于保护电力线路及配电装置；避雷网、带主要用于建筑物的保护；避雷器主要用于限制雷击产生过电压，保护电气设备的绝缘。各种防雷装置的具体作用如下。

1. 直击雷的防护措施

（1）避雷针。避雷针是利用尖端放电原理，其保护原理就其本质而言是"引雷"。当雷云接近地面时，避雷针利用在空中高于其被保护对象的有利地位，把雷电引向自身，将雷电流引入大地，从而达到使被保护物"避雷"的目的。

避雷针由三部分组成：雷电接收器、接地引下线和接地体。

（2）避雷线。避雷线由架空地线、接地引下线和接地体组成。架空地线是悬挂在空中的接地导体，其作用和避雷针一样，对被保护物起屏蔽作用，将雷电流引向自身，并通过引下线安全泄入地下。因此，装设避雷线也是防止直击雷的主要措施之一。

（3）避雷器。避雷器的作用是限制过电压幅值，保护电气设备的绝缘。避雷器与被保护设备并联，当系统中出现过电压时，避雷器在过电压作用下，间隙击穿，将雷电流通过避雷器、接地装置引入大地，降低了入侵波的幅值和陡度；过电压之后，避雷器迅速截断在工频电压作用下的电弧电流（即工频续流），从而恢复正常。

现在所使用的避雷器主要有管型避雷器、阀型避雷器和氧化锌避雷器三种。阀型避雷器的地线应和变压器外壳、低压侧中性点接在一起共同接地。

（4）避雷网。避雷网主要用来保护建筑物，分为明装避雷网和笼式避雷网两大类。沿建筑物上部明装金属网格作为接闪器，沿外墙装引下线接到接地装置上，称为明装避雷网。一般建筑物中采用这种方法。而把整个建筑物中的钢筋结构体连成一体，构成一个大型金属网笼，称为笼式避雷网，其又可分为全部明装避雷网、全部暗装避雷网和部分明装部分暗装避雷网等几种。一般而言，使用避雷带或避雷网的保护性能比避雷针的要好些。

2. 雷电感应的防护措施

有爆炸和火灾危险的建筑物、重要的电力设施应考虑感应雷的防护。为了防止静电感应雷产生的过电压，应将建筑物内的设备、管道、构架、钢屋架、电缆金属外皮等较大金属物和突出屋面的放散管、风管等金属物，均与防雷电感应的接地装置相连。为了防止电磁感应，平行敷设的管道、构架和电缆金属外皮等长金属物，其净距小于100 mm时，须用金属线跨接，跨接点之间的距离不应超过30 mm；交叉相距小于100 mm，交叉处也应用金属线跨接。

此外，长金属物的弯头、阀门、法兰盘等连接处的过渡电阻大于0.03 Ω时，连接处也应用金属线跨接。在非腐蚀环境，对于不少于5根螺栓连接的法兰盘可不跨接。防电磁感应的接地装置也可与其他接地装置共用。

3. 雷电侵入波的防护措施

雷电侵入波造成的伤害事故很多，特别在电气系统。变配电装置，可能有雷电侵入波进入室内的建筑物应考虑雷电冲击波防护。为了防止雷电冲击波侵入变配电装置，可在线路引入端安装阀型避雷器。阀型避雷器上端接在架空线路上，下端接地。正常时，避雷器对地保持绝缘状态；当雷电冲击波到来时，避雷器被击穿，将雷电引入大地；冲击波过去后，避雷器自动恢复绝缘状态。

对于建筑物，可采用以下措施：①全长直接埋地电缆供电，入户处电缆金属外皮接地；②架空线转电缆供电，架空线与电缆连接处装设阀型避雷器，避雷器、电缆金属外皮、绝缘子铁脚、金具等一起接地；③架空线供电，入户处装设阀型避雷器或保护间隙，并与绝缘子铁脚、金具等一起接地。

4. 防雷装置的施工与检测要求

（1）施工要求。防雷是系统工程，事关人身和设备安全的大事，相关法律法规有严格规定，对从事防雷工程专业设计、施工的单位和个人实行资质和资格管理。设计方案必须报相应的政府审批中心审批后才能施工。违反资质资格管理规定，擅自设计、施工要受法律法规的惩罚，被警告，被责令整改，还可能受到三千到三万元处罚，给他人造成损失的，还要依法承担赔偿责任。专业防雷工程应由具备相应资质的单位实施。

一般多层建筑的防雷装置施工方法是：沿屋脊、屋檐及屋面两侧的斜边上装避雷带；若屋面为平顶，则沿屋面四周或女儿墙上架设避雷带，避雷带距外墙边的距离宜小于或等于避雷带支起的高度。

为避免接闪部分的振动力，可将避雷带支起10～20 cm，支点间距不应大于1.5 m，一般取1 m。若屋顶有水箱，因水箱高出屋顶，因此在水箱顶部四周亦应安装避雷带。采用避雷带防雷时，屋面上任何一点距避雷带的距离不应大于10 m。如果屋面宽度超过20 m时，可增加避雷带，用避雷带组成20 m×20 m的网格。避雷带一般用25 mm×4 mm镀锌扁钢做成，女儿墙上的避雷带也可用装饰金属栏杆。避雷带至少有两根引下线和防雷接地极相连，引下线应对称设置。引下线之间距离对于一般建筑不大于24 m。引下线可明装亦可暗装，明装一般用25 mm×4 mm镀锌扁钢，明装引下线与建筑物墙面间隙一般不小于15 mm。明装引下线是在建筑物外墙土建施工完后进行的。当引下线与支架焊接连接时，在引下线与墙之间应衬垫铁皮，避免焊接飞溅沾污墙面。焊接完后再拿走铁皮。暗装引下线则利用柱头主钢筋，这在土建施工时完成。

（2）检测要求。防雷装置应由具备防雷专业检测资质的单位派出具有检测资格的人员检测，自检没有法律效力。对于有关专业部门所属的一些有自检能力和要求的大中型企事业单位，须向当地气象主管机构申请，接受审查，经省气象局防雷装置检测资质评审委员会评审合格，取得防雷装置检测的单位资质和个人资格，并接受省防雷减灾局的资质、资格管理，接受市级气象主管机构的监督管理和检测质量抽查，在这个前提下，可以在本单位范围内开展合法的防雷装置年度检测工作。

三、建（构）筑物、化工设备及人体的防雷措施

1. 建（构）筑物的防雷

（1）建筑物防雷的目的。建筑物防雷是为了防止或者极大地减少雷击建筑物而发生雷害损失。其意义主要如下：

①当建筑物遭受直击雷或雷电波侵入时，可以保护建筑物内的人员人身安全；

②当建筑物遭受直击雷时，防止建筑物被破坏；

③保护建筑物内部存放的危险物品，不会因雷击或雷电感应而引起损坏、燃烧和爆炸；

④保护建筑物内部贵重机电设备和电气线路不受损坏；

⑤保护电气系统或电子设备不受雷电电磁脉冲的干扰，使其能正常工作。

（2）建筑物防雷分类。建筑物按火灾和爆炸危险性、人身伤亡的危险性、政治经济价值分为三类。不同类别的建筑物有不同的防雷要求。

①第一类防雷建筑物一般指制造、使用或贮存炸药、火药、起爆药、火工品等大量危险物质，遇电火花会引起爆炸，从而造成巨大破坏或人身伤亡的建筑物或具有特别用途的建筑物。如军火库、国家级的会堂、办公楼、档案馆、国际性航空港、国家重点文物保护的建筑物以及高度在100 m以上的建筑物。

②第二类防雷建筑物一般指对国家政治或国民经济有重要意义的建筑物以及制造、使用或贮存爆炸危险物质，但电火花不易引起爆炸，或不致造成巨大破坏或人身伤亡的建筑物或具有特别用途的建筑物。如省部级办公楼、省重点文物保护的建筑物以及19层以上的住宅建筑和高度在50 m以上的其他民用建筑物等。

③第三类防雷建筑物一般指除第一类、第二类防雷建筑物以外需要防雷的建筑物。如高度为15 m及以上的烟囱、水塔等孤立建筑物或构筑物。

（3）建筑物的防雷措施。建筑物的防雷措施主要分以下三个方面：

①直击雷的防护。第一类防雷建筑物的直击雷防护措施就是装设独立避雷针或架空避雷网（线），第二类和第三类防雷建筑物的直击雷防护措施就是装设在建筑物上的避雷针或避雷网（带）或由其混合组成的接闪器。

②感应雷的防护。第一类和第二类防雷建筑物均采取防止感应雷措施。感应雷的防护主要有两方面：为了防止静电感应雷产生的过电压，应将建筑物内的设备、管道、构架、钢屋架、电缆金属外皮等较大金属物和突出屋面的放散管、风管等金属物，均与防雷电感应的接地装置相连。为了防止电磁感应，平行敷设的管道、构架和电缆金属外皮等长金属物，其净距小于100 mm时，须用金属线跨接，跨接点之间的距离不应超过30 mm；交叉相距小于100 mm，交叉处也应用金属线跨接。

③雷电波侵入防护。第一类、第二类和第三类防雷建筑物均应采取防止感应雷措施。就雷电波侵入的防护而言，随防雷建筑物类别和线路的形式不同，防护措施要求也不一样。主要措施如低压线路全线用全长直接埋地电缆供电，入户处电缆金属外皮接地；架空线转电缆供电，架空线与电缆连接处装设阀型避雷器、避雷器、电缆金属外皮、绝缘子铁脚、金具等一起接地；架空线供电，入户处装设阀型避雷器或保护间隙，并与绝缘子铁脚、金具等一起接地。

2. 化工设备的防雷

（1）化工设备防雷的基本要求。化工设备防雷安装制作的基本要求主要有如下几点：

①当罐顶钢板厚度大于4 mm，且装有呼吸阀时，可不装设防雷装置。但油罐体应做良好的接地，接地点不少于2处，间距不大于30 m，其接地装置的冲击接地电阻不大于30 Ω。

②当罐顶钢板厚度小于4 mm时，虽装有呼吸阀，也应在罐顶装设避雷针，且避雷针与呼吸阀的水平距离不应小于3 m，保护范围高出呼吸阀不应小于2 m。

③浮顶油罐（包括内浮顶油罐）可不设防雷装置，但浮顶与罐体应有可靠的电气连接。

④非金属易燃液体的贮罐应采用独立的避雷针，以防止直接雷击。同时，还应有感应雷措施。避雷针冲击接地电阻不大于30 Ω。

⑤覆土厚度大于0.5 m的地下油罐，可不考虑防雷措施，但呼吸阀、量油孔、采气孔应做良好接地，接地点不少于2处，冲击接地电阻不大于10 Ω。

⑥易燃液体的敞开贮罐应设独立避雷针，其冲击接地电阻不大于5 Ω。

⑦户外架空管道的防雷。户外输送可燃气体、易燃或可燃体的管道，可在管道的始端、终端、分支处、转角处以及直线部分每隔100 m处接地，每处接地电阻不大于30 Ω。当管道与爆炸危险厂房平行敷设的间距小于10 m时，在接近厂房的一段，其两端及每隔30～40 m应接地，接地电阻不大于20 Ω。当管道连接点（弯头、阀门、法兰盘等）不能保持良好的电气接触时，应用金属线跨接。接地引下线可利用金属支架，若是活动金属支架，在管道与支持物之间必须增设跨接线；若是非金属支架，必须另作引下线。接地装置可利用电气设备保护接地的装置。

（2）罐、塔、容器固定设备的接地

①室外的罐、塔、容器一般已设有防雷接地，可不必单独安装静电接地。但应按照静电接地的要求进行检查，对大于50 m³或直径在2.5 m以上的罐、塔、容器接地部分不得少于2处，接地点应对称布置，其间距小于30 m。

②罐、塔等设备原则上要求在每个部件上进行重复接地，接地线的位置应远离物料的进出口处。

③罐、塔、容器内外的各金属部件及进入罐内的工具部件，均应保证有可靠的防静电接地。

（3）管网系统的接地

①输送易燃可燃的液体、气体、粉体及其混合物的管道系统，应在管道的始端、末端通过机泵、油罐等设备有可靠的接地连接。

②管网内的过滤器、缓冲器等应设置接地连接点。

③管道系统接地一般采用焊接式，通过端子压接的方法，将接地线与接地端子牢固地连接。如果管网系统中有部分管路或部件是非导体，除须将导体管路之间进行跨接并接地外，其非导体的管段还应在其表面设置导电的屏蔽层。具体做法是用裸铜软线作螺旋状缠绕或在其表面上装设金属网，也可以采用喷涂导电覆盖层的办法，加强电荷的泄漏。

④设备、管道采用金属法兰连接时，必须保证2个以上的螺栓有可靠的连接，其间的接触电阻不大于10 Ω。在一般情况下，可不另装跨接线。

（4）装卸站台、码头区的接地

①装卸站台、鹤管、管线、铁轨及铁路始端、末端，应连接成电气通路并接地。装油开始前，必须将专用地线夹接在车辆的指定位置上。

②装卸站台及油库内的铁轨除接地外，还必须采用保护接零，即栈区内所有接地线均应与电气设备的零干线接在一起，以防轨道与零线间的电位差造成危害。

③金属结构的油船浮在水面上时，不需要再单独接地。但船上的设备、部件、管线等，均须对船体有电气上的连接。

陆地上管线与船上管线用绝缘软管连接时，两侧不应有跨接线，应分别各自使用各自原有接地系统。

（5）汽车装油台及油、液化气罐车的接地

①汽车装油台及鹤管等活动部分应接地，装油开始前，必须将专用接地线装接在槽车的指定位置上。接地线的安装应在槽车开盖前，接地线的拆除应在装油操作完毕之后，并已封闭罐盖，再经过规定时间静置之后才可进行。

②当装油鹤管为非金属软管时，应使用导电耐油橡胶管。如使用的是普通耐油橡胶管，应在其表面外皮上缠绕直径不小于2 mm的软铜线与管头和管路相连，通过管路接地。

③液化气槽车装气时，亦应按照规定安装、拆卸地线，活动软管应有导电性能。

④装载油（液化气）的汽车应尽量使用导电性材料的轮胎，以利于接地。同时，在车体上必须装有电阻值在140～200 Ω之间的导电拖带。

⑤各种类型的接地装置与车体连接时，连接的位置应在车站的侧面或后部，应远离物料的装入口、泄放口。

3．人体的防雷

发电厂、变电站、输电线路等电气设备及建筑物、构筑物等，都安装了尽可能完善的防雷保护装置，使雷电对电气设备及工作人员的威胁大大减小。根据对雷电触电事故分析所得的经验，必须从以下几方面注意预防雷电电击，保证人身安全。

①雷雨时，发电厂、变电站的工作人员应尽量避免接近容易遭到雷击的户外配电装置；在进行巡回检查时，应按规定的路线进行；在巡视高压屋外配电装置时，应穿绝缘鞋，且不得靠近避雷针和避雷器。

②雷雨时，禁止在室外和室内的架空引入线上进行检修和试验工作；若正在做此类工作，应立即停止，并撤离现场。

③雷雨时，应禁止屋外高空检修、试验工作，禁止户外高空带电作业及等电位工作。

④对输配电线路的运行和维护人员，雷雨时，严禁进行倒闸操作和更换熔断器的工作。

⑤雷雨时，非工作人员应尽量减少外出。如果外出工作中遇到雷雨，应停止高压线路上的工作，并就近进入下列场所暂避：有防雷设备或有宽大金属架的建筑物内；有金属顶盖和金属车身的汽车，封闭的金属容器等；依靠建筑物屏蔽的街道，或有高大树木屏蔽的公路，但最好要在墙壁和树干8 m以外。进入上述场所后，切记不要紧靠墙壁、车身和树干。

⑥雷雨时，应尽量不到或离开下列场所和设施：小丘、小山、沿河小道；河、湖、海滨和游泳池；孤立突出的树木、旗杆、宝塔、烟囱和铁丝网等处；输电线路铁塔，装有避雷针和避雷线的木杆等处；没有保护装置的车棚、牲畜棚和帐篷等小建筑物和没有接地装置的金属顶凉亭；帆布篷的吉普车，非金属顶或敞篷的汽车和马车。

⑦在旷野中遇到雷雨时，应注意：铁锹、长工具、步枪等不要仰上扛在肩上，要用手提着；有金属的伞不要撑开打着，要提着；人多时不要挤在一起，要尽量分散隐蔽；遇球雷（滚动的火球）时，切记不要跑动，以免球雷顺着气流追赶。

⑧雷雨时，室内人员应注意尽量远离电灯线、电话线、有线广播线、收音机一类的电源线和电视机天线等。

第四章　防火防爆安全技术

第一节　火灾爆炸事故机理

一、燃烧与火灾

（一）燃烧和火灾的定义及条件

1. 燃烧的定义

燃烧是物质与氧化剂之间的放热反应，它通常同时释放出火焰或可见光。只有同时发光发热的氧化反应才被界定为燃烧。

可燃物质（一切可氧化的物质）、助燃物质（氧化剂）和火源（能够提供一定的温度或热量），是可燃物质燃烧的三个基本要素。缺少三个要素中的任何一个，燃烧便不会发生。对于正在进行的燃烧，只要充分控制三个要素中的任何一个，燃烧就会终止。所以，防火防爆安全技术可以归结为这三个要素的控制问题。

2. 火灾定义

《消防基本术语：第一部分》（GB 5907—1986）将火灾定义为：在时间和空间上失去控制的燃烧所造成的灾害。

3. 燃烧和火灾发生的必要条件

同时具备氧化剂、可燃物、点火源，即火的三要素。这三个要素中缺少任何一个，燃烧都不能发生或持续。获得三要素是燃烧的必要条件。在火灾防治中，阻断三要素的任何一个要素就可以扑灭火灾。

（二）燃烧和火灾的过程和形式

1. 燃烧过程

可燃物质的聚集状态不同，其受热后所发生的燃烧过程也不同。除结构简单的可燃气体（如氢气）外，大多数可燃物质的燃烧并非是物质本身在燃烧，而是物质受热分解出的气体或液体蒸气在气相中的燃烧。

可燃物质的燃烧过程包括许多吸热、放热的化学过程和传热的物理过程。在燃烧发生的整个过程中，热量通过热传导、热辐射和热对流三种方式进行传播。在凝聚相中，主要是吸热过程，而在气相燃烧中则是放热过程。大多数情况下，凝聚相中发生的过程是靠气相燃烧放出的热量来实现的，在所有反应区域内，若放热量大于吸热量，燃烧则持续进行，反之燃烧则中断。

可燃物质燃烧过程中，温度变化是很复杂的。最初一段时间，加热的大部分热量用于对燃烧物质的熔化、蒸发或分解，可燃物质的温度上升缓慢。当温度达到氧化开始温度时，可燃物质开始进行氧化反应。此时由于温度尚低，氧化反应速度不快，氧化所产生的热量还不足以抵消系统向外界的散热，此时停止加热，可燃物质温度会降低，不会发生燃烧。继续加热，温度的上升则很快，到氧化产生的热量和系统向外界散失的热量相等，温度再稍升高一点，则打破了这种平衡状态，这时即使停止加热，可燃物质温度也会自行升高，达到某个温度，就会出现火焰并燃烧起来。因此，这个温度可视为可燃物质理论上的自燃点，是开始出现火焰的温度，即通常实际测得的自燃点。

2. 燃烧形式

气态可燃物通常为扩散燃烧，即可燃物和氧气边混合边燃烧；液态可燃物（包括受热后先液化后燃烧的固态可燃物）通常先蒸发为可燃蒸气，可燃蒸气与氧化剂发生燃烧；固态可燃物先是通过热解等过程产生可燃气体，可燃气体与氧化剂再发生燃烧。根据可燃物质的聚集状态不同，燃烧可分为以下四种形式。

（1）扩散燃烧。可燃气体（氢、甲烷、乙炔以及苯、酒精、汽油蒸气等）从管道、容器的裂缝流向空气时，可燃气体分子与空气分子互相扩散、混合，混合浓度达到爆炸极限范围内的可燃气体遇到火源即着火并能形成稳定火焰的燃烧，称为扩散燃烧。

（2）混合燃烧。可燃气体和助燃气体在管道、容器和空间扩散混合，混合气体的浓度在爆炸范围内，遇到火源即发生燃烧，混合燃烧是在混合气体分布的空间快速进行的，称为混合燃烧。煤气、液化石油气泄漏后遇到明火发生的燃烧爆炸即为混合燃烧，失去控制的混合燃烧往往能造成重大的经济损失和人员伤亡。

（3）蒸发燃烧。可燃液体在火源和热源的作用下，蒸发出的蒸气发生氧化分解而进行的燃烧，称为蒸发燃烧。

（4）分解燃烧。可燃物质在燃烧过程中首先遇热分解出可燃性气体，分解出的可燃性气体再与氧进行的燃烧，称为分解燃烧。

（三）火灾的分类

《火灾分类》（GB/t 4968—2008）按物质的燃烧特性将火灾分为六类。

A类火灾：指固体物质火灾，这种物质通常具有有机物质，一般在燃烧时能产生灼热灰烬。如木材、棉、毛、麻、纸张火灾等。

B类火灾：指液体火灾和可熔化的固体物质火灾，如汽油、煤油、柴油、原油、甲醇、乙醇、沥青、石蜡火灾等。

C类火灾：指气体火灾，如煤气、天然气、甲烷、乙烷、丙烷、氢气火灾等。

D类火灾：指金属火灾，如钾、钠、镁、钛、锆、锂、铝镁合金火灾等。

E类火灾：指带电火灾，是物体带电燃烧的火灾，如发电机、电缆、家用电器火灾等。

F类火灾：指烹饪器具内烹饪物火灾，如动植物油脂火灾等。

（四）火灾基本概念及参数

（1）闪燃。可燃物表面或可燃液体上方在很短时间内重复出现火焰一闪即灭的现象。闪燃往往是持续燃烧的先兆。

（2）阴燃。没有火焰和可见光的燃烧。

（3）爆燃。伴随爆炸的燃烧波，以亚音速传播。

（4）自燃。是指可燃物在空气中没有外来火源的作用下，靠自热或外热而发生燃烧的现象。根据热源的不同，物质内燃分为自热自燃和受热自燃两种。

（5）闪点。在规定条件下，材料或制品加热到释放出的气体瞬间着火并出现火焰的最低温度。闪点是衡量物质火灾危险性的重要参数。一般情况下闪点越低，火灾危险性越大。

（6）燃点。在规定的条件下，可燃物质产生自燃的最低温度。燃点对可燃固体和闪点较高的液体具有重要意义，在控制燃烧时，需将可燃物的温度降至其燃点以下。一般情况下，燃点越低，火灾危险性越大。

（7）自燃点。在规定条件下，不用任何辅助引燃能源而达到引燃的最低温度。液体和固体可燃物受热分解并析出来的可燃气体挥发越多，其自燃点越低。固体可燃物粉碎得越细，其自燃点越低。一般情况下，密度越大，闪点越高而自燃点越低。例如，下列油品的密度：汽油＜煤油＜轻柴油＜重柴油＜蜡油＜渣油，而其闪点依次升高，自燃点则依次降低。

（8）引燃能（最小点火能）。引燃能是指释放能够触发初始燃烧化学反应的能量，也叫最小点火能，影响其反应发生的因素包括温度、释放的能量、热量和加热时间。

（9）着火延滞期（诱导期）。对着火延滞期时间一般有下列两种描述：着火延滞期时间是指可燃性物质和助燃气体的混合物在高温下从开始暴露到起火的时间；混合气着火前自动加热的时间称为诱导期，在燃烧过程中又称为着火延滞期或着火落后期，单位用 ms 表示。

（五）典型火灾的发展规律

通过对大量的火灾事故的研究分析得出，典型火灾事故的发展分为初起期、发展期、最盛期和熄灭期。初起期是火灾开始发生的阶段，这一阶段可燃物的热解过程至关重要，主要特征是冒烟、阴燃；发展期是火势由小到大发展的阶段，一般采用 t 平方特征火灾模型来简化描述该阶段非稳态火灾热释放速率随时间的变化，即假定火灾热释放速率与时间的平方成正比，轰燃就发生在这一阶段；最盛期的火灾燃烧方式是通风控制火灾，火势的大小由建筑物的通风情况决定；熄灭期是火灾由最盛期开始消减直至熄灭的阶段，熄灭的原因可以是燃料不足、灭火系统的作用等。由于建筑物内可燃物、通风等条件的不同，建筑火灾有可能达不到最盛期，而是缓慢发展后就熄灭了。典型的火灾发展过程如图4-1所示。

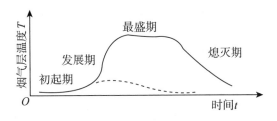

图4-1　火灾的发展过程

（六）燃烧机理

燃烧作为一种化学反应，对反应物的组分浓度、引燃能的大小及反应的温度和压力均有一定的要求。在这些情况下，若可燃物没有达到一定浓度，或氧化剂的量不足，或引燃能不够大，燃烧反应也不会发生。例如，氢气在空气中的浓度低于4%时便不能点燃，当空气中氧气含量低于14%时常见可燃物不会燃烧，而一根火柴的能量不足以点燃大煤块。

实际上，当可燃物和氧化剂开始发生燃烧后，为了使化学反应能够持续下去，反应区内还必须能够不断生成活性基团。因为可燃物与氧化剂之间的反应不是直接发生的，而是经过生成活性基团和原子等中间物质，通过链反应进行。如果除去活性基团，链反应中断，连续的燃烧也会停止。

1. 活化能理论

物质分子间发生化学反应，首要的条件是相互碰撞。在标准状况下，单位时间、单位体积内气体分子相互碰撞约10^{28}次。相互碰撞的分子不一定发生反应，而只有少数具有一定能量的分子相互碰撞后才会发生反应，这种分子称为活化分子。活化分子所具有的能量要比普通分子高，这一能量超出值可使分子活化并参加反应。使普通分子变为活化分子所必需的能量称为活化能。

气体分子总是按直线轨迹不断地运动，其运动速度取决于温度；温度越高，气体分子运动越快，反之，温度越低，气体分子运动也越慢。在任一气流中，都有大量的气体分子，当它们进行无规律运动时，许多分子会互相碰撞、弹开和改变方向，随着气体温度和能级的提高，这些碰撞会变得更加频繁和剧烈。

2. 过氧化物理论

气体分子在各种能量（例如，热能、辐射能、电能、化学反应能等）的作用下可被活化。在燃烧反应中，首先是氧分子在热能作用下活化，被活化的氧分子形成过氧键—O—O—，这种基团加在被氧化物的分子上成为过氧化物。此种过氧化物是强氧化剂，不仅能氧化形成过氧化物的物质，而且也能氧化其他较难氧化的物质。

3. 链反应理论

根据上述原理，一个活化分子（基）只能与一个分子起作用。但为什么在氯化氢的反应过程中，引入一个光子能生成10万个氯化氢分子呢？这就是连锁反应（链反应）的结果。链式反应理论也称连锁反应理论。该理论认为：气态分子之间的作用，不是两个分子直接作用生成最后产物，而是活性分子先离解成自由基（游离基），然后自由基与另一分子作用产生一个新的自由基，新基又与分子反应生成另一新基，如此延续下去形成一系列的反应，直至反应物耗尽或因某种因素使链中断而造成反应终止。

链反应通常分直链反应与支链反应两种。直链反应的基本特点是：每个自由基与其他分子反应后只生成一个新自由基。氯与氢的反应就是典型的直链反应。支链反应是指在反应中一个游离基能生成一个以上的新的游离基。如氢和氧的连锁反应属于此类反应。链式反应一般可以分为链的引发、链的发展（含链的传递）和链的终止三个阶段。

（1）引发阶段，需有外界能量（如本例中的光子，其他加热、催化、射线照射等）使分子键破坏生成第一批自由基，使链反应开始。

（2）发展阶段，自由基很不稳定，易与反应物分子作用生成燃烧产物分子和新的自由基，使链式反应得以持续下去。

（3）终止阶段，自由基减少、消失，使链反应终止。造成自由基消失的原因有自由基相互碰撞生成分子，自由基撞击器壁将能量散失或被吸附等。在压力较高时，以前者为主；压力较低时，则以后者为主。

二、爆炸

（一）爆炸及其分类

广义地讲，爆炸是物质系统的一种极为迅速的物理或化学的能量释放或转化过程，是系统蕴藏的或瞬间形成的大量能量在有限的体积和极短的时间内，骤然释放或转化的现象。在这种释放和转化的过程中，系统的能量将转化为机械功以及光和热的辐射等。

一般来说，爆炸现象具有以下特征：爆炸过程高速进行；爆炸点附近压力急剧升高，多数爆炸伴有温度升高；发出或大或小的响声；周围介质发生振动或邻近的物质遭到破坏。爆炸最主要的特征是爆炸点及其周围压力急剧升高。

爆炸可以由不同的原因引起，但不管是何种原因引起的爆炸，归根结底必须有一定的能量。按照能量的来源，爆炸可分为三类：物理爆炸、化学爆炸和核爆炸。按照爆炸反应相的不同，爆炸可分为以下三类。

1. 气相爆炸

气相爆炸包括可燃性气体和助燃性气体混合物的爆炸；气体的分解爆炸；液体被喷成雾状物在剧烈燃烧时引起的爆炸，即喷雾爆炸；飞扬悬浮于空气中的可燃粉尘引起的爆炸等。气相爆炸的分类见表4–1。

表4-1　气相爆炸类别

类　别	爆炸机理	举　例
混合气体爆炸	可燃性气体和助燃性气体以适当的浓度混合，由于燃烧波或爆炸的传播而引起的爆炸	空气和氢气、丙烷、乙醚等混合气体的爆炸
气体的分解爆炸	单一气体由于分解反应产生大量的反应热引起的爆炸	乙炔、乙烯、氯乙烯等在分解时引起的爆炸
粉尘爆炸	空气中飞散的易燃性粉尘，由于剧烈燃烧引起的爆炸	空气中飞散的铝粉、镁粉、亚麻、玉米淀粉等引起的爆炸
喷雾爆炸	空气中易燃液体被喷成雾状物，在剧烈的燃烧时引起的爆炸	油压机喷出的油雾、喷漆作业引起的爆炸

2．液相爆炸

液相爆炸包括聚合爆炸、蒸发爆炸以及由不同液体混合所引起的爆炸。例如，硝酸和油脂、液氧和煤粉等混合时引起的爆炸；熔融的矿渣与水接触或钢水包与水接触时，由于过热发生快速蒸发引起的蒸汽爆炸等。液相爆炸举例见表4-2。

3．固相爆炸

固相爆炸包括爆炸性化合物及其他爆炸性物质的爆炸（如乙炔铜的爆炸）；导线因电流过载导致过热，使金属迅速汽化而引起的爆炸等。固相爆炸举例见表4-2。

表4-2　液相、固相爆炸类别

类　别	爆炸机理	举　例
混合危险物的爆炸	氧化性物质与还原性物质或其他物质混合引起爆炸	硝酸和油脂、液氧和煤粉、高锰酸钾和浓酸、无水顺丁烯二酸和烧碱等混合时引起的爆炸
易爆化合物的爆炸	有机过氧化物、硝基化合物、硝酸酯等燃烧引起　爆炸和某些化合物的分解反应引起爆炸	丁酮过氧化物、三硝基甲苯、硝基甘油等的爆炸；氧化铅、乙炔铜的爆炸
导线爆炸	在有过载电流流动时，使导线过热，金属迅速气化而引起爆炸	导线因电流过载而引起的爆炸
蒸汽爆炸	由于过热，发生快速蒸发而引起爆炸	熔融的矿渣与水接触，钢水与水混合产生蒸汽爆炸
固相转化时造成的爆炸	固相相互转化时放出热量，造成空气急速膨胀而引起爆炸	无定形锑转化成结晶锑时，由于放热而造成爆炸。

爆炸过程表现为两个阶段：在第一阶段中，物质的（或系统的）潜在能以一定的方式转化为强烈的压缩能；第二阶段，压缩物质急剧膨胀，对外做功，从

而引起周围介质的变化和破坏。不管由何种能源引起的爆炸，它们都同时具备两个特征，即能源具有极大的密度和极大的能量释放速度。

（二）爆炸破坏作用

1. 冲击波

爆炸形成的高温、高压、高能量密度的气体产物，以极高的速度向周围膨胀，强烈压缩周围的静止空气，使其压力、密度和温度突跃升高，像活塞运动一样推向前进，产生波状气压向四周扩散冲击。这种冲击波能造成附近建筑物的破坏，其破坏程度与冲击波能量的大小有关，与建筑物的坚固程度及其与产生冲击波的中心距离有关。

2. 碎片冲击

爆炸的机械破坏效应会使容器、设备、装置以及建筑材料等产生碎片，这些碎片在相当大的范围内飞散而造成伤害。碎片的四处飞散距离一般可达数十米到数百米。

3. 震荡作用

爆炸发生时，特别是较猛烈的爆炸往往会引起短暂的地震波。例如，某市的亚麻发生麻尘爆炸时，有连续三次爆炸，结果在该市地震局的地震检测仪上，记录了在7秒之内的曲线上出现有三次高峰。在爆炸波及的范围内，这种地震波会造成建筑物的震荡、开裂、松散倒塌等危害。

4. 次生事故

发生爆炸时，如果车间、库房（如制氢车间、汽油库或其他建筑物）里存放有可燃物，会造成火灾；高空作业人员受冲击波或震荡作用，会造成高处坠落事故；粉尘作业场所轻微的爆炸冲击波会使积存在地面上的粉尘扬起，造成更大范围的二次爆炸等。

（三）可燃气体爆炸

1. 分解爆炸性气体爆炸

某些气体如乙炔、乙烯、环氧乙烷等，即使在没有氧气的条件下也能被点燃爆炸，其实质是一种分解爆炸，除上述气体外，分解爆炸性气体还有臭氧、联氨、丙二烯、甲基乙炔、乙烯基乙炔、一氧化氯、二氧化氮、氰化氢、四氟乙烯等。

分解爆炸性气体在温度和压力的作用下发生分解反应时，可产生相当数量的分解热，这为爆炸提供了能量。一般来说，分解热在80 kJ / mol以上的气体，在一定条件（温度和压力）下遇火源即会发生爆炸。分解热是引起气体爆炸的内因，一定的温度和压力则是外因。分解爆炸的敏感性与压力有关。分解爆炸所需的能量，随压力的升高而降低。在高压下较小的点火能量就能引起分解爆炸，而压力较低时则需要较高的点火能量才能引起分解爆炸，当压力低于某值时，就不再产生分解爆炸，此压力值称为分解爆炸的极限压力（临界压力）。

以乙炔为例，当乙炔受热或受压时，容易发生聚合、加成、取代或爆炸性分解等反应。当温度达到200 ~ 300℃时，乙炔分子开始发生聚合反应，形成较为复杂的化合物（如苯）并放出热量，参见下式。

$$3C_2H_2 = C_6H_6 + 630 \text{ J} \cdot \text{mol}^{-1}$$

放出的热量使乙炔温度升高，又加速了聚合反应，放出更多的热量，如此循环下去，当温度达到700℃时，未聚合的乙炔就会发生爆炸性分解，碳与氢元素化合为乙炔时需要吸收大量的热量，当乙炔分解时则放出这部分热量，分解时生成细微固体碳及氢气，参见下式。

$$C_2H_2 = 2C + H_2 + 226.04 \text{ J} \cdot \text{mol}^{-1}$$

如果乙炔分解是在密闭容器（如乙炔储罐、乙炔发生器或乙炔瓶等）内发生的，则由于温度的升高，压力会急剧增大10~13倍而引起爆炸。由此可知，如果在此过程中能设法及时导出大量的热，则可避免分解爆炸的发生。

乙烯分解爆炸所需的发火能比乙炔的要大，所以低压下未曾发生过事故，但用高压法工艺制造聚乙烯时，由于压力高达200 mPa以上，分解爆炸事故却屡有发生。

环氧乙烷分解爆炸的临界压力为40 kPa，所以对环氧乙烷的生产与储运都要严加小心。

2. 可燃性混合气体爆炸

一般来说，可燃性混合气体与爆炸性混合气体难以严格区分。由于条件不同，有时发生燃烧，有时发生爆炸，在一定条件下两者也可能相互转化。

燃烧与化学爆炸的区别在于燃烧反应（氧化反应）的速度不同。那么决定反应速度的条件是什么呢？

燃烧反应过程一般可以分为三个阶段。

（1）扩散阶段。可燃气分子和氧气分子分别从释放源通过扩散达到相互接触。所需时间称为扩散时间。

（2）感应阶段。可燃气分子和氧化分子接受点火源能量，离解成自由基或活性分子。所需时间称为感应时间。

（3）化学反应阶段。自由基与反应物分子相互作用，生成新的分子和新的自由基，完成燃烧反应。所需时间称为化学反应时间。

三段时间相比，扩散阶段时间远远大于其余两阶段时间，因此是否需要经历扩散过程就成了决定可燃气体燃烧或爆炸的主要条件。例如，煤气由管道喷出后在空气中燃烧，就是典型的扩散燃烧。

3. 爆炸反应历程

许多可燃混合气的爆炸可以用热着火机理解释，燃烧和爆炸都是可燃物与氧化剂之间的化学反应，当系统的温度升高到一定程度时，反应的速率将迅速加快，于是便引发了燃烧或爆炸。不过有一些爆炸现在用热着火理论是无法解释的，而根据着火的链式反应理论则可以给出合理的说明。至于什么情况下发生热反应，什么情况下发生链式反应，需根据具体情况而定，甚至同一爆炸性混合物在不同条件下有时也会有所不同。

（四）物质爆炸浓度极限

1. 爆炸极限的基本理论

爆炸极限是表征可燃气体、蒸气和可燃粉尘危险性的主要指标之一。当可燃性气体、蒸气或可燃粉尘与空气（或氧）在一定浓度范围内均匀混合时，遇到火源发生爆炸的浓度范围称为爆炸浓度极限，简称爆炸极限。

将这一浓度范围的混合气体（或粉尘）称作爆炸性混合气体（或粉尘）。可燃性气体、蒸气的爆炸极限一般用可燃气体或蒸气在混合气体中所占的体积分数来表示；可燃粉尘的爆炸极限用混合物的质量浓度（$g \cdot m^{-3}$）来表示。

能够爆炸的最低浓度称作爆炸下限，能发生爆炸的最高浓度称作爆炸上限。用爆炸上限、下限之差与爆炸下限浓度之比值表示其危险度H，如式（4-1）所示。一般情况下，H值越大．表示可燃性混合物的爆炸极限范围越宽，其爆炸危险性越大。

$$H=（L_上-L_下）/L_下 \quad 或 \quad （L_上-L_下）/L_上 \qquad （4-1）$$

可燃性气体、蒸气或粉尘在爆炸极限范围内遇到引燃源，火焰瞬间传播于整个混合气体（或混合粉尘）空间，化学反应速度极快，同时释放大量的热，生成很多气体，气体受热膨胀，形成很高的温度和很大的压力，具有很强的破坏力。

可燃性气体、蒸气或粉尘爆炸极限的概念可以用热爆炸理论来解释。当可燃性气体、蒸气或粉尘的浓度小于爆炸下限时，由于在混合物中含有过量的空气，过量空气的冷却作用及可燃物浓度的不足，导致系统得热小于失热，反应不能延续下去；同样，当可燃性气体（或粉尘）的浓度大于爆炸上限时，则会有过量的可燃物，过量的可燃物不仅因缺氧而不能参与反应、放出热量，反而起冷却作用，阻止了火焰的蔓延。当然，也还有爆炸上限达100%的可燃性气体、蒸气（如环氧乙烷、硝化甘油等）和可燃性粉尘（如火炸药粉尘）。这类物质在分解时会自身供氧，使反应持续进行下去。随着气体压力和温度的升高，越容易引起分解爆炸。

2. 爆炸极限的影响因素

爆炸极限值不是一个物理常数，它随条件的变化而变化。在判断某工艺条件下的爆炸危险性时，需根据危险物品所处的条件来考虑其爆炸极限。

（1）温度的影响。混合爆炸气体的初始温度越高，爆炸极限范围越宽，则爆炸下限越低，上限越高，爆炸危险性增加。这是因为，在温度增高的情况下，活化分子增加，分子和原子的动能也增加，使活化分子具有更大的冲击能量，爆炸反应容易进行，使原来含有过量空气（低于爆炸下限）或可燃物（高于爆炸上限）而不能使火焰蔓延的混合物浓度变成可以使火焰蔓延的浓度，从而扩大了爆炸极限范围。丙酮的爆炸极限受温度的影响情况见表4-3。

表4-3 丙酮的爆炸极限受温度的影响

混合物温度/℃	爆炸下限/%	爆炸上限/%
0	4.2	8.0
50	4.0	9.8
100	3.2	10.0

（2）压力的影响。混合气体的初始压力对爆炸极限的影响较复杂。在0.1～2.0 mPa的压力下，对爆炸下限影响不大，对爆炸上限影响较大；当压力大于2.0 mPa时，爆炸下限变小，爆炸上限变大，爆炸范围扩大。一般而言，初始压力增大，气体爆炸极限也变大，爆炸危险性增加。这是因为，在高压下混合气体的分子浓度增大，反应速度加快，放热量增加，且在高气压下，气体分子间热传导性好，热损失小，有利于可燃气体的燃烧或爆炸。

甲烷混合气体初始压力对爆炸极限的影响见表4-4。

表4-4 甲烷混合气体初始压力对爆炸极限的影响

初始压力/mPa	爆炸下限/%	爆炸上限/%
0.1	5.6	14.3
1	5.9	17.2
5	5.4	29.4
12.5	5.7	45.7

值得重视的是，当混合物的初始压力减小时，爆炸极限范围缩小；当压力降到某一数值时，则会出现下限与上限重合的现象，这就意味着初始压力再降低时，不会使混合气体爆炸。把爆炸极限范围缩小为零的压力称为爆炸的临界压力。因此，密闭设备进行减压操作对安全是有利的。

（3）惰性介质的影响。在混合气体中加入惰性气体（如氮气、二氧化碳、水蒸气、氩气、氦气等），随着惰性气体含量的增加，爆炸极限范围缩小。当惰性气体的浓度增加到某一数值时，爆炸上下限趋于一致，使混合气体不发生爆炸。这是因为，加入惰性气体后，使可燃气体的分子和氧分子隔离，它们之间形成一层不燃烧的屏障，而当氧分子冲击惰性气体时，活化分子失去活化能，使反应键中断。若在某处已经着火，则放出的热量被惰性气体吸收，火焰不能蔓延到可燃气体分子上去，可起到抑制作用。可燃气体在空气中和纯氧中的爆炸极限见表4-5。

表4-5 可燃气体在空气中和纯氧中的爆炸极限

物质名称	在空气中的爆炸极限/%	在纯氧中的爆炸极限/%
甲烷	4.9~15	5~61
乙烷	3~15	3~66
丙烷	2.1~9.5	2.3~55
丁烷	1.5~8.5	1.8~49
乙烯	2.75~34	3~80
乙炔	2.55~80	2.3~93
氢气	4~75	4~95
氨气	15~28	13.5~79
一氧化碳	12~74.5	15.5~94

（4）爆炸容器对爆炸极限的影响。爆炸容器的材料和尺寸对爆炸极限有影响。若容器材料的传热性好，管径越细，火焰在其中越难传播，爆炸极限范围变小。当容器直径或火焰通道小到某数值时，火焰就不能传播下去。这一直径称为临界直径或最大灭火间距。如甲烷的临界直径为0.4~0.5 mm，氢和乙炔为0.1~0.2 mm。目前一般采用直径为50 mm的爆炸管或球形爆炸容器。

（5）点火源的影响。点火源的活化能量越大，加热面积越大，作用时间越长，则爆炸极限范围也越大。

（五）粉尘爆炸

1. 粉尘爆炸的机理和条件

当可燃性固体呈粉体状态，粒度足够细，飞扬悬浮于空气中，并达到一定浓度时，在相对密闭的空间内，遇到足够的点火能量就能发生粉尘爆炸。具有粉尘爆炸危险性的物质较多，常见的有金属粉尘（如镁粉、铝粉等）、煤粉、粮食粉尘、饲料粉尘、棉麻粉尘、烟草粉尘、纸粉、木粉、火炸药粉尘和大多数含有碳、氢元素及与空气中氧反应能放热的有机合成材料粉尘等。粉尘爆炸的条件：①粉尘本身具有可燃性；②粉尘虚浮在空气中并达到一定浓度；③有足以引起粉尘爆炸的起始能量。

粉尘爆炸是一个瞬间的连锁反应，属于不稳定的气固二相流反应，其爆炸过程比较复杂，受诸多因素的制约，所以有关粉尘爆炸的机理至今尚在不断研究和不断完善之中。有一种观点认为，从最初的粉尘粒子形成到发生爆炸的过程中，粉尘粒子表面通过热传导和热辐射，从火源获得能量，使表面温度急剧升高，达到粉尘粒子加速分解的温度和蒸发温度，形成粉尘蒸气或分解气体，这种气体与空气混合后就容易引起点火（气相点火）。另外，粉尘粒子本身相继发生熔融汽化，迸发出微小火花，成为周围未燃烧粉尘的点火源，使之着火，从而扩大了爆炸范围。这一过程与气体爆炸相比就复杂得多。

从粉尘爆炸过程可以看出，粉尘爆炸有以下特点：

（1）粉尘爆炸速度或爆炸压力上升速度比爆炸气体小，但燃烧时间长，产生的能量大，破坏程度大。

（2）爆炸感应期较长。粉尘的爆炸过程比气体的爆炸过程复杂，要经过尘粒的表面分解或蒸发阶段及由表面向中心燃烧的过程，所以感应期比气体长得多。

（3）有产生二次爆炸的可能性。因为粉尘初次爆炸产生的冲击波会将堆积的粉尘扬起，悬浮在空气中，在新的空间形成达到爆炸极限浓度范围内的混合物，而飞散的火花和辐射热成为点火源，引起第二次爆炸。这种连续爆炸会造成严重的破坏。粉尘有不完全燃烧现象，在燃烧后的气体中含有大量的一氧化碳及粉尘（如塑料粉）自身分解的有毒气体，会伴随中毒死亡的事故。

2. 粉尘爆炸的特性及影响因素

评价粉尘爆炸危险性的主要特征参数是爆炸极限、最小点火能量、最低着火温度、粉尘爆炸压力及压力上升速率。

粉尘爆炸极限不是固定不变的。它的影响因素主要有粉尘粒度、分散度、湿度、点火的性质、可燃气含量、氧含量、惰性粉尘和灰分温度等。一般来说，粉尘粒度越细，分散度越高，可燃气体和氧的含量越大，火源强度、初始温度越高，湿度越低，惰性粉尘及灰分越少，爆炸极限范围越大，粉尘爆炸危险性也就越大。

粉尘爆炸压力及压力上升速率（dP/dt）主要受粉尘粒度、初始压力、粉尘爆炸容器、流度等因素的影响。粒度对粉尘爆炸压力上升速率的影响比粉尘爆炸压力大得多。

当粉尘粒度越细，比表面越大，反应速度越快，爆炸上升速率就越大。随初始压力的增大，对密闭容器的粉尘爆炸压力及压力上升速率也增大，当初始压力低于压力极限时（如数十毫巴），粉尘则不再可能发生爆炸。与可燃气爆炸一样，容器尺寸会对粉尘爆炸压力及压力上升速率有很大的影响。大量可燃粉尘的试验研究证明，当容积大于等于 $0.04\ m^3$ 时，粉尘爆炸强度遵循以下规律：

$$K_{st} = (dP/dt)_{max} \cdot \sqrt[3]{V} \qquad\qquad （4-2）$$

式中，K_{st} 为粉尘爆炸强度，$10^5\ Pa \cdot m \cdot S^{-1}$；$(dP/dt)_{max}$ 为最大压力上升速率，$10^5\ Pa \cdot S^{-1}$；V 为容器体积，m^3。

粉尘爆炸在管道中传播碰到障碍片时，因湍流的影响，粉尘呈漩涡状态，使爆炸波阵面不断加速。当管道长度足够长时，甚至会转化为爆轰。

（六）燃烧与爆炸的转化

爆炸的最主要特征是压力的急剧上升，并不一定着火（发光、放热）；而燃烧一定有发光放热现象，但与压力无特别关系。化学爆炸，其中绝大多数是氧化反应引起的爆炸，与燃烧现象本质上都属于氧化反应，也同样有温度与压力的升高现象。但两者反应速度、放热速率不同，火焰传播速度也不同，前者比后者快得多。

无论是固体或液体爆炸物，还是气体爆炸混合物，都可以在一定的条件下进行燃烧，但当条件变化时，它们又可转化为爆炸。这种转化，有时候人们要加以有益的利用，但有时候却应加以制止。

固体或液体炸药燃烧转化为爆炸的主要条件有三条：①炸药处于密闭的状态下，燃烧产生的高温气体增大了压力，使燃烧转化为爆炸；②燃烧面积不断扩大，使燃速加快，形成冲击波，从而使燃烧转化为爆炸；③药量较大时，炸药燃烧形成的高温反应区将热量传给了尚未反应的炸药，使其余的炸药受热爆炸。

由以上的分析可知，燃烧与爆炸是爆炸物具有的紧密相关的两个特性。从安全技术角度来讲，防止爆炸物发生火灾与爆炸事故就成了紧密相关的问题。一般来说，火灾与爆炸两类事故往往连续发生。大的爆炸之后常伴随有巨大的火灾；存在有爆炸物质和燃爆混合物的场所，大的火灾往往创造了爆炸的条件。因此，了解燃烧与爆炸的关系，从技术上杜绝一切由燃烧转化为爆炸的可能性，是防火防爆技术的一个重要方面。

第二节　防火防爆技术

一、火灾爆炸预防基本原则

1. 防火基本原则

根据火灾发展过程的特点，应采取以下基本技术措施：

（1）以不燃溶剂代替可燃溶剂。

（2）密闭和负压操作。

（3）通风除尘。

（4）惰性气体保护。

（5）采用耐火建筑材料。

（6）严格控制火源。

（7）阻止火焰的蔓延。

（8）抑制火灾可能发展的规模。

（9）组织训练消防队伍和配备相应的消防器材。

2. 防爆基本原则

防爆基本原则是根据对爆炸过程特点的分析采取相应的措施，防止第一过程的出现，控制第二过程的发展，削弱第三过程的危害。主要应采取以下措施：

（1）防止爆炸性混合物的形成。

（2）严格控制火源。

（3）及时泄出燃爆开始时的压力。

（4）切断爆炸传播途径。

（5）减弱爆炸压力和冲击波对人员、设备和建筑的损坏。

（6）检测报警。

二、点火源及其控制

在工业生产过程中，存在着多种引起火灾和爆炸的着火源，例如，化工企业中常见的着火源有明火、化学反应热、化工原料的分解自燃、热辐射、高温表面、摩擦和撞击、绝热压缩、电气设备及线路的过热和火花、静电放电、雷击和日光照射等。消除着火源是防火和防爆的最基本措施，控制着火源对防止火灾和爆炸事故的发生具有极其重要的意义。

1. 明火

明火是指敞开的火焰、火星和火花等，如生产过程中的加热用火、维修焊接用火及其他火源，是导致火灾爆炸最常见的原因。

（1）加热用火的控制。加热易燃物料时，要尽量避免采用明火设备，而宜采用热水或其他介质间接加热，如蒸汽或密闭电气加热等加热设备，不得采用电炉、火炉、煤炉等直接加热。明火加热设备应远离可能泄漏易燃气体或蒸汽的工艺设备和储罐区，并应布置在其上风向或侧风向。对于有飞溅火花的加热装置，应布置在上述设备的侧风向。如果存在一个以上的明火设备，则应将其集中于装置的边缘。如必须采用明火，设备应密闭且附近不得存放可燃物质。熬炼物料时，不得装盛过满，应留出一定的空间。工作结束时，应及时清理，不得留下火种。

（2）维修焊割用火的控制。焊接切割时，飞散的火花及金属熔融碎粒的温度高达1 500～2 000℃，高空作业时飞散距离可达20 m远。此类用火除用于正常停工、检修外，还往往被用来处理生产过程中的临时堵漏，或在生产现场增加必要的设施，所以这类作业多为临时性的，容易成为起火原因。因此，在焊割时必须注意以下几点：

①在输送、盛装易燃物料的设备、管道上，或在可燃可爆区域内动火时，应将系统和环境进行彻底的清洗或清理。如该系统与其他设备连通时，应将相连的管道拆下断开或加堵金属盲板隔绝，再进行清洗。然后用惰性气体进行吹扫置换，气体分析合格后方可动焊。同时可燃气体应符合爆炸下限大于4%（体积百分数）的可燃气体或蒸气，浓度应小于0.5%；爆炸下限小于4%的可燃气体或蒸气，浓度应小于0.2%的标准。

②动火现场应配备必要的消防器材，并将可燃物品清理干净。在可能积存可燃气体的管沟、电缆沟、深坑、下水道内及其附近，应用惰性气体吹扫干净，再

用非燃体（如石棉板）进行遮盖。

③气焊作业时，应将乙炔发生器放置在安全地点，以防回火爆炸伤人或将易燃物引燃。

④电杆线破残应及时更换或修理，不得利用与易燃易爆生产设备有联系的金属构件作为电焊地线，以防止在电路接触不良的地方产生高温或电火花。

（3）其他火源。存在火灾和爆炸危险的场所，如厂房、仓库、油库等地，不得使用蜡烛、火柴或普通灯具照明；汽车、拖拉机一般不允许进入，如确需进入，其排气管上应安装火花熄灭器。在有爆炸危险的车间和仓库内，禁止吸烟和携带火柴、打火机等，为此，应在醒目的地方张贴警示标记以引起注意。明火与有火灾爆炸危险的厂房和仓库相邻时，应保证足够的安全距离，例如，化工厂内的火炬与甲、乙、丙生产装置、油罐和隔油池应保持100 m的防火间距。

2. 摩擦和撞击

摩擦和撞击往往是可燃气体、蒸气和粉尘、爆炸物品等着火爆炸的根源之一。例如，机器轴承的摩擦发热、铁器和机件的撞击、钢铁工具的相互撞击、砂轮的摩擦等都能引起火灾；甚至铁桶容器裂开时，也能产生火花，引起逸出的可燃气体或蒸气着火。

在易燃易爆场合应避免这种现象的发生，如工人应禁止穿钉鞋，不得使用铁器制品。搬运储存可燃物体和易燃液体的金属容器时，应当用专门的运输工具，禁止在地面上滚动、拖拉或抛掷，并防止容器的互相撞击，以免产生火花，引起燃烧或容器爆裂造成事故。吊装可燃易爆物料用的起重设备和工具应经常检查，防止吊绳等断裂下坠发生危险。如果机器设备不能用不发生火化的各种金属制造，则应当使其在真空中或惰性气体中操作。

在有爆炸危险的生产中，机件的运转部分应该用两种材料制作，其中之一是不发生火花的有色金属材料（如铜、铝）。机器的轴承等转动部分应该有良好的润滑，并经常清除附着的可燃物污垢。敲打工具应用铍铜合金或包铜的钢制作；地面应铺沥青、菱苦土等较软的材料。输送可燃气体或易燃液体的管道应做耐压试验和气密性检查，以防止管道破裂、接口松脱而跑漏物料，引起着火。

3. 电气设备

电气设备或线路出现危险温度、电火花和电弧时，就成为引起可燃气体、蒸气和粉尘着火、爆炸的一个主要着火源。参见本书第三章的相关内容。

4. 静电放电

生产工艺过程中产生的静电有时会带来严重的危害，有些甚至造成巨大的灾害。防止和消除静电危险十分重要。生产过程中产生的静电电压可达到几万伏以上，静电除可能引起多种爆炸性混合物发生爆炸外，还可能造成电击。参见本书第三章的相关内容。

5. 化学能和太阳能

有些物质在常温下能与空气发生氧化反应放出热量而引起自燃，因此，应保存在水中（液封），避免与空气接触；有些物质与水作用能够分解放出可燃气体，如电石与水作用可分解放出乙炔气体、金属钠与水作用分解放出氢气、五硫化磷与水作用分解放出硫化氢等，这类物质应特别注意采用防潮措施；有的物质受热升温能分解放出具有催化作用的气体，如硝化棉、赛璐珞等受热能放出氧化氮和热量，氧化氮对其进一步分解有催化作用，以致发生燃烧和爆炸。对上述各类物质要特别注意防热、通风。直射的太阳光通过凸透镜、圆形玻璃瓶、有气泡的玻璃等会聚焦形成高温焦点，能够点燃易燃易爆物质。有爆炸危险的厂房和库房必须采取遮阳措施，窗户采用磨砂玻璃，以避免形成点火源。

三、爆炸控制

爆炸造成的后果大多非常严重。在化工生产作业中，爆炸的压力和火灾的蔓延不仅会使生产设备遭受损失，而且使建筑物破坏，甚至致人死亡。因此，科学防爆是非常重要的一项工作。

（一）防止爆炸的一般原则

防止爆炸的一般原则：一是控制混合气体中的可燃物含量处在爆炸极限之外；二是使用惰性气体取代空气；三是使氧气浓度处于其极限值以下。

为此应防止可燃气向空气中泄漏，或防止空气进入可燃气体中；控制、监视混合气体备组分浓度；装设报警装置和设施。

（二）防爆措施

在生产过程中，应根据可燃易燃物质的燃烧爆炸特性，以及生产工艺和设备等的条件，采取有效的措施，预防在设备和系统里或在其周围形成爆炸性混合物。这类措施主要有设备密闭、厂房通风、惰性介质保护、以不燃溶剂代替可燃溶剂、危险物品隔离储存等。

1. 惰性气体保护

由于爆炸的形成需要有可燃物质、氧气以及一定的点火能量，用惰性气体取代空气，避免空气中的氧气进入系统，就消除了引发爆炸的一大因素，从而使爆炸过程不能形成。在化工生产中，采取的惰性气体（或阻燃性气体）主要有氮气、二氧化碳、水蒸气、烟道气等。

向可燃气体、蒸汽或粉尘与空气的混合物中加入惰性气体，可以达到两种效果。一是缩小甚至消除爆炸极限范围，二是将混合物冲淡。例如，易燃固体物质的压碎、研磨、筛分、混合以及粉状物料的输送，可以在惰性气体的覆盖下进行；当厂房内充满可燃性物质而具有危险时（如发生事故使车间、库房充满有爆炸危险的气体或蒸气），应向这一地区放送大量惰性气体加以冲淡；在生产条件允许的情况下，可燃混合物在处理过程中也应加入惰性气体作为保护气体；还有用惰性介质充填非防爆电气、仪表；在停车检修或开工生产前，用惰性气体吹扫设备系统内的可燃物质等。

采用烟道气时应经过冷却，并除去氧及残余的可燃组分。氮气等惰性气体在使用前应经过气体分析，其中含氧量不得超过2%。

惰性气体的需用量取决于允许的最高含氧量（氧限值）。可燃物质与空气的混合物中加入氮或二氧化碳，成为无爆炸性混合物时氧的浓度，见表4-6。在向有爆炸危险的气体或蒸气中加入惰性气体时，应避免惰性气体的漏失以及空气渗入其中。

表4-6　可燃混合物不发生爆炸时氧的最高含量　　　　　单位：%

可燃物质	氧的最大安全浓度		可燃物质	氧的最大安全浓度	
	CO_2稀释剂	N_2稀释剂		CO_2稀释剂	N_2稀释剂
甲烷	14.6	12.1	丁二烯	13.9	10.4
乙烷	13.4	11.0	氢	5.9	5.0
丙烷	14.3	11.4	一氧化碳	5.9	5.6
丁烷	14.5	12.1	丙酮	15	13.5
戊烷	14.4	12.1	苯	13.9	11.2
己烷	14.5	11.9	煤粉	16	—
汽油	14.4	11.6	麦粉	12	—
乙烯	11.7	10.6	硬橡胶粉	13	—
丙烯	14,1	11.5	硫	11	—

2. 系统密闭和正压操作

装盛可燃易爆介质的设备和管路，如果气密性不好，就会由于介质的流动性和扩散性造成跑、冒、滴、漏现象，逸出的可燃易爆物质在设备和管路周围空间形成爆炸性混合物。同样的道理，当设备或系统处于负压状态时，空气就会渗入，使设备或系统内部形成爆炸性混合物。设备密闭不良是发生火灾和爆炸事故的主要原因之一。

容易发生可燃易燃物质泄漏的部位主要有设备的转轴与壳体或墙体的密封处，设备的各种孔（人孔、手孔、清扫孔）盖及封头盖与主体的连接处，以及设备与管道、管件的各个连接处等。

为保证设备和系统的密闭性，在验收新的设备时，在设备修理之后及在使用过程中，必须根据压力计的读数用水压试验来检查其密闭性，测定其是否漏气并进行气体分析。此外，可于接缝处涂抹肥皂液进行充气检测。为了检查无味气体（氢气、甲烷等）是否漏出，可在其中加入显味剂（硫醇、氨等）。

当设备内部充满易爆物质时，要采用正压操作，以防外部空气渗入设备内。设备内的压力必须加以控制，不能高于或低于额定的数值。压力过高，轻则渗漏加剧，重则破裂导致大量可燃物质排出；压力过低，就有渗入空气、发生爆炸的可能。通常可设置压力报警器，在设备内压力失常时及时报警。

对爆炸危险度大的可燃气体（如乙炔、氢气等）以及危险设备和系统，在连接处应尽量采用焊接接头，减少法兰连接。

3. 厂房通风

要使设备达到绝对密闭是很难办到的，总会有一些可燃气体、蒸气或粉尘从设备系统中泄漏出来，而且生产过程中某些工艺（如喷漆）会大量释放可燃性物质。因此，必须用通风的方法使可燃气体、蒸气或粉尘的浓度不致达到危险的程度，一般应控制在爆炸下限的1／5以下。如果挥发物既有爆炸性又对人体有害，其浓度应同时控制到满足《工业企业设计卫生标准》的要求。

在设计通风系统时，应考虑到气体的相对密度。某些比空气重的可燃气体或蒸气，即使是少量物质，如果在地沟等低洼地带积聚，也可能达到爆炸极限。此时，车间或厂房的下部也应设通风口，使可燃易爆物质及时排出。从车间排出含有可燃物质的空气时，应设防爆的通风系统，鼓风机的叶片应采用碰击时不会产生火花的材料制造，通风管内应设有防火遮板，使一处失火时迅速隔断管路，避免波及他处。

4. 以不燃溶剂代替可燃溶剂

以不燃或难燃的材料代替可燃或易燃材料，是防火与防爆的根本性措施。因此，在满足生产工艺要求的条件下，应当尽可能地用不燃溶剂或火灾危险性小的物质代替易燃溶剂或火灾危险性较大的物质，这样可防止形成爆炸性混合物，为生产创造更为安全的条件。常用的不燃溶剂主要有甲烷和乙烷的氯衍生物、四氯化碳、三氯甲烷和三氯乙烷等。使用汽油、丙酮、乙醇等易燃溶剂的生产，可以用四氯化碳、三氯乙烷或丁醇、氯苯等不燃溶剂或危险性较低的溶剂代替。又如四氯化碳用于代替溶解脂肪、沥青、橡胶等所采用的易燃溶剂。但这类不燃溶剂具有毒性，在发生火灾时能分解放出光气，因此应采取相应的安全措施。例如，为避免泄漏，必须保证设备的气密性，严格控制室内的蒸气浓度，使之不得超过卫生标准规定的浓度等。

评价生产中所使用溶剂的火灾危险性时，饱和蒸气压和沸点是很重要的参数。饱和蒸气压越大，蒸发速度越快，闪点越低，则火灾危险性越大；沸点较高（例如沸点在110℃以上）的液体，在常温（18～20℃）时所挥发出来的蒸气是不会达到爆炸危险浓度的。危险性较小的物质的沸点和蒸气压见表4-7。

表4-7　危险性较小的物质的沸点和蒸汽压

物质名称	沸点／℃	20℃时的蒸气压/Pa	物质名称	沸点／℃	20℃时的蒸气压/Pa
戊醇	130	267	乙二醇	126	1 067
丁醇	114	534	氯苯	130	1 200
醋酸戊醇	130	800	二甲苯	135	1 333

5. 危险物品的储存

性质相互抵触的危险化学物品如果储存不当，往往会酿成严重的事故。例如，无机酸本身不可燃，但与可燃物质相遇能引起着火及爆炸；铝酸盐与可燃的金属相混合时能使金属着火或爆炸；松节油、磷及金属粉末在卤素中能自行着火等。由于各种危险化学品的性质不同，因此，它们的储存条件也不相同。为防止不同性质物品在储存中相互接触而引起火灾和爆炸事故，禁止二起储存的物品见表4-8。

表4-8　禁止一起储存的物品

组别	物品名称	禁止储存的物品	备注
1	爆炸物品：苦味酸、梯恩梯、硝化棉、硝化甘油、硝胺炸药、雷汞等	不准与其他类的物品共储，必须单独隔离储存	起爆药、雷管与炸药必须隔离储存
2	易燃液体：汽油、苯、二硫化碳、丙酮、乙醚、甲苯、酒精、硝基漆、煤油	不准与其他种类物品共同储存	如数量甚少，允许与固体易燃物品隔开后存放
3	易燃气体：乙炔、氢、氯化甲烷、硫化氢、氨等	除惰性气体外，不准与其他类的物品共储存	—
3	惰性气体：氮、二氧化碳、二氧化硫、氟利昂等	除易燃气体、助燃气体、氧化剂和有毒物品外，不准与其他类的物品共储存	—
3	助燃气体：氧、氟、氯等	除惰性气体和有毒物品外，不准与其他类的物品共储存	氯兼有毒害性
4	遇水或空气能自燃的物品：钾、钠、电石、磷化钙、锌粉、铝粉、黄磷等	不准与其他类的物品共储存	钾、钠须浸入石油中，黄磷浸入水中，均单独储存
5	易燃固体：赛璐珞、电影胶片、赤磷、萘、樟脑、硫黄、火柴等	不准与其他类的物品共储存	赛璐珞、胶片、火柴均需单独隔离储存
6	氧化剂：能形成爆炸混合物品、氯酸钾、氯酸钠、硝酸钾、硝酸钠、硝酸钡、次硝酸钙、亚硝酸钠、过氧化钠、过氧化氢（30%）等	除惰性气体外，不准与其他类的物品共储存	过氧化物遇水有发热爆炸危险，应单独储存；过氧化氢应储存在阴凉处所
6	能引起燃烧的物品：溴、硝酸、铬酸、高锰酸钾、重硝酸钾	不准与其他类的物品共储存	与氧化剂也应隔离
7	有毒物品：光气、三氧化二砷、氰化钾、氰化钠等	除惰性气体外，不准与其他类的物品共储存	—

6. 防止容器或室内爆炸的安全措施

（1）抗爆容器。对已知的爆炸结果做系统的评定表明，在符合一定结构要求的前提下，即使容器和设备没有附加的防护措施，也能承受一定的爆炸压力。若选择这种结构形式的设备在剧烈爆炸下没有被炸碎，而只产生部分变形，那么设备的操作人员就可以安然无恙，这也就达到了最重要的防护目的。

（2）泄压装置。通过固定的开口及时进行泄压，则容器内部就不会产生高爆炸压力，因而也就不必使用能抗这种高压的结构。把没有燃烧的混合物和燃烧的气体排放到大气中去，就可把爆炸压力限制在容器材料强度所能承受的某一数值。泄压装置可分为一次性（如爆破膜）和重复使用的装置（如安全阀）。

（3）房间泄压。它主要是用来保护容器和装置的，能使被保护设备不被炸毁和使用人员不受伤害。它可用泄压措施来保护房间，但不能保护房间里的人。在这种情况下，房间内的设施必须是遥控的，并在运行期间严禁人员进入房间。

一般可以通过窗户、外墙和建筑物的房顶来进行卸压。

7. 爆炸抑制

爆炸抑制系统由能检测初始爆炸的传感器和压力式的灭火剂罐组成，灭火剂罐通过传感装置动作，在尽可能短的时间内，把灭火剂均匀地喷射到应保护的容器里，于是，爆炸燃烧被扑灭，控制住爆炸的发生。爆炸燃烧能自行进行检测，并在停电后的一定时间里仍能继续进行工作。

四、防火防爆安全装置及其技术

为防止火灾爆炸的发生，阻止其扩展和减少破坏，已研制出许多防火防爆和防止火焰、爆炸扩展的安全装置。并在实际生产中广泛使用，取得了良好的安全效果。防火防爆安全装置可以分为阻火隔爆装置与防爆泄压装置两大类。下面分别加以介绍。

1. 阻火及隔爆技术

阻火隔爆是通过某些隔离措施防止外部火焰蹿入存有可燃爆炸物料的系统、设备、容器及管道内，或者阻止火焰在系统、设备、容器及管道之间蔓延。按照作用机理，可分为机械隔爆和化学抑爆两类。机械隔爆是依靠某些固体或液体物质阻隔火焰的传播，化学抑爆主要是通过释放某些化学物质来抑制火焰的传播。

机械阻火隔爆装置主要有工业阻火器、主动式隔爆装置和被动式隔爆装置等。其中工业阻火器装于管道中，形式最多，应用也最为广泛。

（1）工业阻火器。工业阻火器分为机械阻火器、液封和料封阻火器。工业阻火器常用于阻止爆炸初期火焰的蔓延。一些具有复合结构的机械阻火器也可阻止爆轰火焰的传播。

（2）主动式隔爆装置。主动式、被动式隔爆装置是靠装置某一元件的动作来阻隔火焰的。这与工业阻火器靠本身的物理特性来阻火是不同的。另一方面，工业阻火器在工业生产过程中时刻都在起作用，对流体介质的阻力较大，而主、被动式隔爆装置只是在爆炸发生时才起作用，因此它们在不动作时对流体介质的阻力小，有些隔爆装置甚至不会产生任何压力损失。另外，工业阻火器对于纯气体介质才是有效的，对气体中含有杂质（如粉尘、易凝物等）的输送管道，应当选用主、被动式隔爆装置为宜。

主动式（监控式）隔爆装置由一灵敏的传感器探测爆炸信号，经放大后输出给执行机构，控制隔爆装置喷洒抑爆剂或关闭阀门，从而阻隔爆炸火焰的传播。

被动式隔爆装置是由爆炸波来推动隔爆装置的阀门或闸门来阻隔火焰。

（3）被动式隔爆装置。被动式隔爆装置主要有自动断路阀、管道换向隔爆等形式。

（4）其他阻火隔爆装置。

①单向阀。单向阀又称止逆阀、止回阀。它的作用是仅允许液体（气体或液体）向一个方向流动，遇到倒流时即自行关闭，从而避免在燃气或燃油系统中发生液体倒流，或高压窜入低压造成容器管道的爆裂，或发生回火时火焰倒吸和蔓延等事故。

在工业生产上，通常在系统中流体的进口和出口之间，与燃气或燃油管道及设备相连接的辅助管线上，高压与低压系统之间的低压系统上，或压缩机与油泵的出口管线上安置单向阀。生产中使用的单向阀有升降式、摇板式、球式等几种。

②阻火阀门。阻火阀门是为了阻止火焰沿通风管道或生产管道蔓延而设置的阻火装置。在正常情况下，阻火闸门受环状或者条状的易熔金属的控制，处于开启状态。一旦着火，温度升高，易熔金属即会熔化，此时闸门失去控制，受重力作用自动关闭，将火阻断在闸门一边。易熔金属元件通常由铋、铅、锡、汞等金属按一定比例组成的低熔点金属制成。由于赛璐珞、尼龙、塑料等有机材料在高温时也容易燃烧或者失去强度，所以也有用这类材料代替易熔合金来控制阻火阀门。

③火星熄灭器（防火罩、防火帽）。由烟道或车辆尾气排放管飞出的火星也可能引起火灾。因此，通常在可能产生火星设备的排放系统，如加护热炉的烟道，汽车、拖拉机的尾气排放管上等，安装火星熄灭器，用以防止飞出的火星引燃可燃物料。

火星熄灭器熄火的基本方法主要有以下几种：

a. 当烟气由管径较小的管道进入管径较大的火星熄灭器中时，气流由小容积进入大容积，致使流速减慢、压力降低，烟气中携带的体积、质量较大的火星就会沉降下来，不会从烟道飞出。

b. 在火星熄灭器中设置网格等障碍物，将较大、较重的火星挡住；或者采用设置旋转叶轮等方法改变烟气流动方向，增加烟气所走的路程，以加速火星的熄灭或沉降。

c. 用喷水或通水蒸气的方法熄灭火星。

（5）化学抑制防爆（简称化学抑爆、抑制防爆）装置。化学抑爆是在火焰传播显著加速的初期通过喷洒抑爆剂来抑制爆炸的作用范围及猛烈程度的一种防爆技术。它可用于装有气相氧化剂中可能发生爆燃的气体、油雾或粉尘的任何密闭设备。例如，加工设备（如反应容器、混合器、搅拌器、研磨机、干燥器、过滤器及除尘器等）、储藏设备（如常压或低压罐、高压罐等）、装卸设备（如气动输送机、螺旋输送机、斗式提升机等）、试验室和中间试验厂的设备（如通风柜、试验台等）以及可燃粉尘气力输送系统的管道等。

爆炸抑制系统主要由爆炸探测器、爆炸抑制器和控制器三部分组成。其作用原理是：高灵敏度的爆炸探测器探测到爆炸发生瞬间的危险信号后，通过控制器启动爆炸抑制器，迅速将抑爆剂喷入被保护的设备中，将火焰扑灭，从而抑制爆炸的进一步发展。

化学抑爆技术可以避免有毒或易燃易爆物料以及灼热物料、明火等蹿出设备，对设备强度的要求较低。适用于泄爆易产生二次爆炸，或无法开设泄爆口的设备以及所处位置不利于泄爆的设备。常用的抑爆剂有化学粉末、水、卤代烷和混合抑爆剂等。

2. 防爆泄压技术

生产系统内一旦发生爆炸或压力骤增时，可通过防爆泄压设施将超高压力释放出去，以减少巨大压力对设备、系统的破坏或者减少事故损失。防爆泄压装置主要有安全阀、爆破片和防爆门窗等。

（1）安全阀。安全阀的作用是为了防止设备和容器内压力过高而爆炸，包括防止物理性爆炸（如锅炉、蒸馏塔等的爆炸）和化学性爆炸（如乙炔发生器中的乙炔受压分解爆炸等）。当容器和设备内的压力升高超过安全规定的限度时，安全阀即自动开启，泄出部分介质，降低压力至安全范围内再自动关闭，从而实现设备和容器内压力的自动控制，防止设备和容器的破裂爆炸。安全阀在泄出气体或蒸气时，产生动力声响，还可起到报警的作用。

安全阀按其结构和作用原理可分为杠杆式、弹簧式和脉冲式等。按气体排放方式可分为全封闭式、半封闭式和敞开式三种。安全阀的分类、作用原理、结构特点及适用范围见表4-9。

表4-9　安全阀的分类、作用原理、结构特点及适用范围

分类方式	类别	作用原理	
按整体结构及加载方式分	杠杆式	利用加载机构（重锤和杠杆）来平衡介质作用载阀瓣上的力	加载机构中重锤质量和位置的变化可以获得较大的开启或关闭力，调整容易而且较正确
			所加载不因阀瓣的升高而增加
			加载机构对振动敏感，常因振动而产生泄漏
			结构简单但笨重，限于中、低压系统
			适于温度较高的系统
			不适于持续运行的系统
	弹簧式	利用压缩弹簧的力来平衡介质作用载阀瓣上的力	通过调整螺母来调整弹簧压缩量，从而按需要来校正安全阀的开启压力
			弹簧力随阀的开启高度而变化，不利于阀的迅速开启
			结构紧凑，灵敏度较高，安装位置无严格限制，应用广泛
			对振动的敏感性小，可用于移动式的压力容器
			长期高温会影响弹簧力，不适用于高温系统
	脉冲式	通过辅阀上的加载机结构（杠杆式或弹簧式）动作产生的脉冲作用带动主阀动作	结构复杂，通常只使用于安全泄放量很大的系统或者用于高压系统
按气体排放方式分	全封闭式		排出的气体全部通过排放管排放，介质不外泄，主要用于存在有毒或易燃气体的系统
	半封闭式		排出的气体全部通过排放管排放，其他部分从阀盖或阀杆之间的空隙漏出，多用于存有对环境无害气体的系统
	敞开式		没有安装排气管的连接机构，排出的气体从安全阀出口直接排到大气中。多用于存有压缩空气、水蒸气的系统

设置安全阀时应注意以下几点：

①新装安全阀，应有产品合格证；安装前应由安装单位继续复校后加铅封，

并出具安全阀校验报告。

②当安全阀的入口处装有隔断阀时，隔断阀必须保持常开状态并加铅封。

③压力容器的安全阀最好直接装设在容器本体上。液化气体容器上的安全阀应安装于气相部分，防止排出液体物料，发生事故。

④如果安全阀用于排泄可燃气体，直接排入大气，则必须引至远离明火或易燃物，而且通风良好的地方，排放管必须逐段用导线接地以消除静电作用。如果可燃气体的温度高于它的自燃点，则应考虑防火措施或将气体冷却后再排入大气。

⑤安全阀用于泄放可燃液体时，宜将排泄管接入事故储槽、污油罐或其他容器；用于泄放高温油气或易燃、可燃气体等遇空气可能立即着火的物质时，宜接入密闭系统的放空塔或事故储槽。

⑥一般安全阀可放空，但要考虑放空口的高度及方向的安全性。室内的设备，如蒸馏塔、可燃气体压缩机的安全阀、放空口宜引出房顶，并高于房顶2 m以上。

（2）爆破片（又称防爆膜、防爆片）。爆破片是一种断裂型的安全泄压装置，当设备、容器及系统因某种原因压力超标时，爆破片即被破坏，使过高的压力泄放出来，以防止设备、容器及系统受到破坏。爆破片与安全阀的作用基本相同，但安全阀可根据压力自行开关，如一次因压力过高开启泄放后，待压力正常即自行关闭；而爆破片的使用则是一次性的，如果被破坏，就需要重新安装。

爆破片的另一个作用是，如果压力容器的介质不洁净、易于结晶或聚合，这些杂质或结晶体有可能堵塞安全阀，使得阀门不能按规定的压力开启，失去了安全阀泄压作用，在此情况下就只得用爆破片作为泄压装置。此外，对于工作介质为剧毒气体或可燃气体（蒸气）里含有剧毒气体的压力容器，其泄压装置也应采用爆破片而不宜用安全阀，以免污染环境。因为对于安全阀来说，微量的泄漏是难免的。

爆破片的防爆效率取决于它的厚度、泄压面积和膜片材料的选择。

设备和容器运行时，爆破片需长期承受工作压力、温度或腐蚀，还要保证设备的气密性，而且遇到爆炸增压时必须立刻破裂。这就要求泄压膜材料要有一定的强度，以承受工作压力；有良好的耐热、耐腐蚀性；同时还应具有脆性，当受到爆炸波冲击时，易于破裂；厚度要尽可能薄，但气密性要好。

正常工作时操作压力较低或没有压力的系统，可选用石棉、塑料、橡皮或玻璃等材质的爆破片；操作压力较高的系统可选用铝、铜等材质；微负压操作时可选用2～3 mm厚的橡胶板。应特别注意的是，由于钢、铁片破裂时可能产生火花，存有燃爆性气体的系统不宜选其作爆破片。在存有腐蚀性介质的系统，为防止腐蚀，可以在爆破片上涂一层防腐剂。

爆破片应有足够的泄压面积，以保证膜片破裂时能及时泄放容器内的压力，防止压力迅速增加而致容器发生爆炸。一般按1 m³容积泄压面积取0.035～0.18 m²，但对氢气和乙炔的设备则应大于0.4 m²。

爆破片爆破压力的选定，一般为设备、容器及系统最高工作压力的1.15～1.3倍。压力波动幅度较大的系统，其比值还可增大。但是在任何情况下，爆破片的爆破压力均应低于系统的设计压力。

爆破片一定要选用有生产许可证单位制造的合格产品，安装要可靠，表面不得有油污；运行中应经常检查法兰连接处有无泄漏；爆破片一般每6～12个月更换一次。此外，如果在系统超压后未破裂的爆破片以及正常运行中有明显变形的爆破片应立即更换。

凡有重大爆炸危险性的设备、容器及管道，都应安装爆破片（例如气体氧化塔、球磨机、进焦煤炉的气体管道、乙炔发生器等）。

（3）防爆门（窗）。防爆门（窗）一般设置在使用油、气或燃烧煤粉的燃烧室外壁上。在燃烧室发生爆燃或爆炸时用于泄压，以防设备遭到破坏。泄压面积与厂房体积的比值（ m² / m³）宜采用0.05～0.22。爆炸介质威力较强或爆炸压力上升速度较快的厂房应尽量加大比值。为防止燃烧火焰喷出时将人烧伤或者翻开的门（窗）盖将人打伤，防爆门（窗）应设置在人不常到的地方，高度最好不低于2 m。

第三节　消防设施与器材

《中华人民共和国消防法》明确规定，消防设施是指火灾自动报警系统、自动灭火系统、消火栓系统、可提式灭火器系统、灭火器防烟排烟系统以及应急广播和应急照明、安全疏散设施等；消防器材是指灭火器等移动灭火器材和工具。

一、消防设施

（一）火灾自动报警系统

自动消防系统应包括探测、报警、联动、灭火、减灾等功能。火灾自动报警系统主要完成探测和报警功能，控制和联动等功能主要由联动控制系统来完成。联动控制系统由联动控制器与现场的主动型设备和被动型设备组成。现场主动型设备是指在火灾参数的作用下，设备自主执行某种动作；现场被动型设备是指在控制器或人为的控制下才能动作。所以消防系统中有三种控制方式：自动控制、联动控制和手动控制。图4-2为火灾自动报警系统结构示意图，图4-3为火灾自动报警系统的组成结构及功能关系。

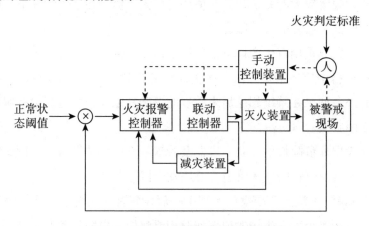

图4-2　火灾自动报警系统结构示意图

在火灾自动报警系统中，自动或手动产生火灾报警信号的器件称为触发器件，主要包括火灾探测器和手动火灾报警按钮；用以接收、显示和传递火灾报警信号，并能发出控制信号和具有其他辅助功能的控制指示称为火灾报警装置，火灾报警控制器就是其中最基本的一种；用以发出区别于环境声、光的火灾警报信号的装置称为火灾警报装置，火灾警报器就是一种最基本的火灾警报装置，它以声、光的方式向报警区域发出火灾警报信号，以警示人们采取安全疏散、灭火救灾措施；在火灾自动报警系统中，当接收到来自触发器件的灭火报警信号时，能自动或手动启动相关消防设备并显示其状态的设备，称为消防控制设备。

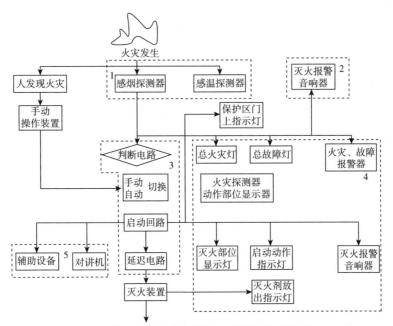

图4-3 火灾自动报警系统的组成结构及功能关系

1—火灾探测；2—火灾报警；3—火警判断；4—声光显示；5—火警通信

1. 系统分类

根据工程建设的规模、保护对象的性质、火灾报警区域的划分和消防管理机构的组织形式，将火灾自动报警系统划分为三种基本形式：区域火灾报警系统、集中报警系统和控制中心报警系统。区域报警系统一般适用于二级保护对象；集中报警系统一般适用于一、二级保护对象；控制中心系统一般适用于特级、一级保护对象。

区域报警系统包括火灾探测器、手动报警按钮、区域火灾报警控制器、火灾警报装置和电源等部分。这种系统比较简单，但使用很广泛，例如，行政事业单位、工矿企业的要害部门和娱乐场所均可使用。

集中报警系统由一台集中报警控制器、两台以上的区域报警控制器、火灾警报装置和电源等组成。高层宾馆、饭店，大型建筑群一般使用的都是集中报警系统。集中报警控制器设在消防控制室，区域报警控制器设在各层的服务台处。对于总线控制火灾报警控制系统，区域报警控制器就是重复显示屏。

控制中心报警系统除了集中报警控制器、区域报警控制器、火灾探测器外，还在消防控制室内增加了消防联动控制设备。被联动控制的设备包括火灾警报装置、火警电话、火灾应急照明、火灾应急广播、防排烟、通风空调、消防电梯和固定灭火控制装置等。也就是说，集中报警系统加上联动的消防控制设备就构成控制中心报警系统。控制中心报警系统用于大型宾馆、饭店、商场、办公室、大型建筑群和大型综合楼工程等。

2. 火灾报警控制器

火灾报警控制器（以下简称控制器）是火灾自动报警系统中的主要设备，它除了具有控制、记忆、识别和报警功能外，还具有自动检测、联动控制、打印输出、图形显示、通信广播等功能。当然，控制器功能的多少也反映出火灾自动报警系统的技术构成、可靠性、稳定性和性能价格比等因素，是评价火灾自动报警系统先进与否的重要指标。火灾报警控制器按其用途不同，可分为区域火灾报警控制器、集中火灾报警控制器和通用火灾报警控制器三种基本类型。

3. 火灾自动报警系统的适用范围

火灾自动报警系统是一种用来保护生命与财产安全的技术设施。理论上讲，除某些特殊场所如生产和储存火药、炸药、弹药，火工品等场所外，其余场所应该都能适用。建筑，特别是工业与民用建筑，由于是人类的主要生产和生活场所，因而也就成为火灾自动报警系统的基本保护对象。从实际情况看，国内外有关标准规范都对建筑中安装的火灾自动报警系统作了规定，我国现行国家标准《火灾自动报警系统设计规范》明确规定："本规定适用于工业与民用建筑和场所内设置的火灾自动报警系统，不适用于生产和储存火药、炸药、弹药、火工品等场所设置的火灾自动报警系统。"

（二）自动灭火系统

1. 水灭火系统

水灭火系统包括室内外消火栓系统、自动喷水灭火系统、水幕和水喷雾灭火系统。

2. 气体自动灭火系统

以气体作为灭火介质的灭火系统称为气体灭火系统。气体灭火系统的使用范围是由气体灭火剂的灭火性质决定的。灭火剂应当具有的特性是化学稳定性好、耐储存、腐蚀性小、不导电、毒性低、蒸发后不留痕迹、适用于扑救多种类型的火灾。

3. 泡沫灭火系统

泡沫灭火系统是指空气机械泡沫系统。按发泡倍数，泡沫系统可分为低倍数泡沫灭火系统、中倍数泡沫灭火系统和高倍数泡沫灭火系统。发泡倍数在20倍以下的称低倍数泡沫，发泡倍数在21～200倍的称中倍数泡沫，发泡倍数在201～1 000倍的称高倍数泡沫。

（三）防排烟与通风空调系统

火灾产生的烟气是十分有害的。火场的烟气，包括烟雾、有毒气体和热气，不但影响到消防人员的扑救，而且会直接威胁人身安全。火灾时，水平和垂直分布的各种空调系统、通风管道及竖井、楼梯间、电梯井等是烟气蔓延的主要途径。要把烟气排出建筑物外，就要设置防排烟系统，机械排烟系统可以减少火层烟气向其他部位的扩散，利用加压送风有可能建立无烟区空间，可防止烟气越过挡烟屏障进入压力较高的空间。因此，防排烟系统能改善着火地点的环境，使建筑内的人员能安全撤离现场，使消防人员能迅速靠近火源，用最短的时间抢救濒危的生命，用最少的灭火剂在损失最小的情况下将火扑灭。此外，它还能将未燃烧的可燃性气体在尚未形成易燃烧混合物之前加以驱散，避免轰燃或烟气爆炸的产生；将火灾现场的烟和热及时排去，减弱火势的蔓延，排除灭火的障碍，是灭火的配套措施。

排烟有自然排烟和机械排烟两种形式。排烟窗、排烟井是建筑物中常见的自然排烟形式，它们主要适用于烟气具有足够大的浮力、可能克服其他阻碍烟气流动的驱动力的区域。机械排烟可克服自然排烟的局限，有效地排出烟气。

（四）火灾应急广播与警报装置

火灾警报装置（包括警铃、警笛、警灯等）是发生火灾时向人们发出警告的装置，即告诉人们着火了，或者有什么意外事故。火灾应急广播，是火灾时（或意外事故时）指挥现场人员进行疏散的设备。为了及时向人们通报火灾，指导人们安全、迅速地疏散，火灾事故广播和警报装置按要求设置是非常必要的。

二、消防器材

消防器材主要包括灭火器、火灾探测器等。

（一）灭火器

1. 灭火剂

灭火剂是能够有效地破坏燃烧条件，中止燃烧的物质。一切灭火措施都是为了破坏已经产生的燃烧条件，并使燃烧的连锁反应中止。灭火剂被喷射到燃烧物和燃烧区域后，通过一系列的物理、化学作用，可使燃烧物冷却、燃烧物与氧气隔绝、燃烧区内氧的浓度降低、燃烧的连锁反应中断，最终导致维持燃烧的必要条件受到破坏，停止燃烧反应，从而起到灭火作用。

（1）水和水系灭火剂。水是最常用的灭火剂，它既可以单独用来灭火，也可以在其中添加化学物质配制成混合液使用，从而提高灭火效率，减少用水量。这种在水中加入化学物质的灭火剂称为水系灭火剂。水能从燃烧物中吸收很多热量，使燃烧物的温度迅速下降，使燃烧中止。水在受热汽化时，体积增大1 700多倍，当大量的水蒸气笼罩于燃烧物的周围时，可以阻止空气进入燃烧区，从而大大减少氧的含量，使燃烧因缺氧而熄灭。在用水灭火时，加压水能喷射到较远的地方，具有较大的冲击作用，能冲过燃烧表面而进入内部，从而使未着火的部分与燃烧区隔离开来，防止燃烧物继续分解燃烧。同时水能稀释或冲淡某些液体或气体，降低燃烧强度；能浸湿未燃烧的物质，使之难以燃烧；还能吸收某些气体、蒸气和烟雾，有助于灭火。

不能用水扑灭的火灾主要包括以下几种：

①密度小于水和不溶于水的易燃液体的火灾，如汽油、煤油、柴油等。苯类、醇类、醚类、酮类、酯类及丙烯腈等大容量储罐，如用水扑救，则水会沉在液体下层，被加热后会引起爆沸，形成可燃液体的飞溅和溢流，使火势扩大。

②遇水产生燃烧物的火灾，如金属钾、钠、碳化钙等，不能用水，而应用砂土灭火。

③硫酸、盐酸和硝酸引发的火灾，不能用水流冲击，因为强大的水流能使酸飞溅，流出后遇可燃物质，有引起爆炸的危险。酸溅在人身上，能灼伤人。

④电气火灾未切断电源前不能用水扑救，因为水是良导体，容易造成触电。

⑤高温状态下化工设备的火灾不能用水扑救，防高温设备遇冷水后骤冷，引起形变或爆裂。

（2）气体灭火剂。气体灭火剂的使用始于19世纪末期。由于气体灭火剂具有释放后对保护设备无污染、无损害等优点，其防护对象逐步向各种不同领域扩充。由于二氧化碳的来源较广，利用隔绝空气后的窒息作用可成功抑制火灾，因此早期的气体灭火剂主要采用二氧化碳。由于二氧化碳不含水、不导电、无腐蚀性，对绝大多数物质无破坏作用，所以可以用来扑灭精密仪器和一般电气火灾。

它还适于扑救可燃液体和固体火灾，特别是那些不能用水灭火以及受到水、泡沫、干粉等灭火剂的玷污容易损坏的固体物质火灾。但是二氧化碳不宜用来扑灭金属钾、镁、钠、铝等及金属过氧化物（如过氧化钾、过氧化钠）、有机过氧化物、氯酸盐、硝酸盐、高锰酸盐、亚硝酸盐、重铬酸盐等氧化剂的火灾。因为二氧化碳从灭火器中喷射出时，温度降低，使环境空气中的水蒸气凝聚成小水滴，上述物质遇水即发生反应，释放大量的热量，同时释放出氧气，使二氧化碳的窒息作用受到影响。因此，上述物质用二氧化碳灭火效果不佳。

在研究二氧化碳灭火系统的同时，国际社会及一些西方发达国家在不断地开发新型气体灭火剂，卤代烷1211、1301灭火剂具有优良的灭火性能，因此在一段时间内卤代烷灭火剂基本统治了整个气体灭火领域。后来，人们逐渐发现释放后的卤代烷灭火剂与大气层的臭氧发生反应，致使臭氧层出现空洞，使生存环境恶化。因此，国家环保局于1994年专门发出《关于非必要场所停止再配置卤代烷灭火器的通知》。

淘汰卤代烷灭火剂，促使人们寻求新的环保气体替代。被列为国际标准草案ISO 14520的替代物有14种。综合各种替代物的环保性能及经济分析，七氟丙烷灭火剂最具推广价值。该灭火剂属于含氢氟烃类灭火剂，国外称为Fm-200，具有灭火浓度低、灭火效率高、对大气无污染的优点。另外，混合气体IG-541灭火剂同样对大气层具有无污染的特点，现已逐步开始使用。由于其是由氮气、氩气、二氧化碳自然组合的一种混合物，平时以气态形式储存，所以喷放时不会形成浓雾或造成视野不清，使人员在火灾时能清楚地分辨逃生方向，且它对人体基本无害。

（3）泡沫灭火剂。泡沫灭火剂有两大类型，即化学泡沫灭火剂和空气泡沫灭火剂。化学泡沫是通过硫酸铝和碳酸氢钠的水溶液发生化学反应，产生二氧化碳，而形成泡沫。空气泡沫是由含有表面活性剂的水溶液在泡沫发生器中通过机械作用而产生的，泡沫中所含的气体为空气。空气泡沫也称为机械泡沫。

空气泡沫灭火剂种类繁多，根据发泡倍数的不同可分为低倍数泡沫、中倍数泡沫和高倍数泡沫灭火剂。高倍数泡沫灭火系统替代低倍数泡沫灭火系统是当今的发展趋势。高倍数泡沫的应用范围远比低倍数泡沫广泛得多。高倍数泡沫灭火剂的发泡倍数高（201～1 000倍），能在短时间内迅速充满着火空间，特别适用于大空间火灾，并具有灭火速度快的优点；而低倍数泡沫则与此不同，它主要靠泡沫覆盖着火对象表面，将空气隔绝而灭火，且伴有水渍损失，所以它对液化烃的流淌火灾和地下工程、船舶、贵重仪器设备及物品的灭火无能为力。高倍数泡沫灭火技术已被各工业发达国家应用到石油化工、冶金、地下工程、大型仓库和贵重仪器库房等场所。尤其在近10年来，高倍数泡沫灭火技术多次在油罐区、液化烃罐区、地下油库、汽车库、油轮、冷库等场所扑救失控性大火中起到决定性作用。

（4）干粉灭火剂。干粉灭火剂由一种或多种具有灭火能力的细微无机粉末组成，主要包括活性灭火组分、疏水成分、惰性填料，粉末的粒径大小及其分布对灭火效果有很大的影响。窒息、冷却、辐射及对有焰燃烧的化学抑制作用是干粉灭火效能的集中体现，其中化学抑制作用是灭火的基本原理，起主要灭火作用。干粉灭火剂中的灭火组分是燃烧反应的非活性物质，当进入燃烧区域火焰中时，捕捉并终止燃烧反应产生的自由基，降低了燃烧反应的速率，当火焰中干粉浓度足够高，与火焰的接触面积足够大，自由基中止速率大于燃烧反应生成的速率，链式燃烧反应被终止，从而火焰熄灭。

干粉灭火剂与水、泡沫、二氧化碳等相比，在灭火速率、灭火面积和等效单位灭火成本效果三个方面有一定的优越性，因其灭火速率快，制作工艺过程不复杂，使用温度范围宽广，对环境无特殊要求，以及使用方便，不需外界动力、水源，无毒、无污染、安全等特点，目前在手提式灭火器和固定式灭火系统上得到广泛的应用，是替代哈龙灭火剂的一类理想环保灭火产品。

2. 灭火器种类及其使用范围

灭火器由筒体、器头、喷嘴等部件组成，借助驱动压力可将所充装的灭火剂喷出，达到灭火目的。灭火器由于结构简单、操作方便、轻便灵活、使用面广，是扑救初起火灾的重要消防器材。

灭火器的种类很多，按其移动方式分为手提式、推车式和悬挂式；按驱动灭火剂的动力来源可分为储气瓶式、储压式、化学反应式；按所充装的灭火剂则又可分为清水、泡沫、酸碱、二氧化碳、卤代烷、干粉灭火器等。

（1）清水灭火器。清水灭火器充装的是清洁的水，并加入适量的添加剂，采用储气瓶加压的方式，利用二氧化碳钢瓶中的气体作动力，将灭火剂喷射到着火物上，达到灭火的目的。其主要由筒体、筒盖、喷射系统及二氧化碳储气瓶等部件组成。清水灭火器适用于扑救可燃固体物质火灾，即A类火灾。

（2）泡沫灭火器。泡沫灭火器包括化学泡沫灭火器和空气泡沫灭火器两种，分别是通过筒内酸性溶液与碱性溶液混合后发生化学反应或借助气体压力，喷射出泡沫覆盖在燃烧物的表面上，隔绝空气起到窒息灭火的作用。泡沫灭火器适合扑救脂类、石油产品等B类火灾以及木材等A类物质的初起火灾，但不能扑救B类水溶性火灾，也不能扑救带电设备及C类和D类火灾。

化学泡沫灭火器内充装有酸性和碱性两种化学药剂的水溶液，使用时，两种溶液混合引起化学反应生成泡沫，并在压力的作用下，喷射出去灭火。按使用操作可分为手提式、舟车式和推车式。值得注意的是，随着《化学泡沫灭火器用灭火剂》（GB 4395—1992）标准的颁布实施，原YP型化学泡沫灭火剂因其泡沫黏稠、流动性差、灭火性能差而被淘汰，目前开发和使用的化学泡沫灭火剂产品是由硫酸铝、碳酸氢钠及复合添加剂和水组成的。因此，原产品一律禁止生产、销售和使用。

空气泡沫灭火器充装的是空气泡沫灭火剂，具有良好的热稳定性，抗烧时间长，灭火能力比化学泡沫高3～4倍，性能优良，保存期长，使用方便，是取代化学泡沫灭火器的更新换代产品。它可根据不同需要分别充装蛋白泡沫、氟蛋白泡沫、聚合物泡沫、轻水（水成膜）泡沫和抗溶泡沫等，用来扑救各种油类及极性溶剂的初起火灾。

（3）酸碱灭火器。酸碱灭火器是一种内部装有65%的工业硫酸和碳酸氢钠的水溶液作灭火剂的灭火器。使用时，两种药液混合发生化学反应，产生二氧化碳压力气体，灭火剂在二氧化碳气体的压力下喷出进行灭火。该类灭火器适用于扑救A类物质的初起火灾，如木、竹、织物、纸张等燃烧的火灾。它不能用于扑救B类物质燃烧的火灾，也不能用于扑救C类可燃气体或D类轻金属火灾，同时也不能用于带电场合火灾的扑救。

（4）二氧化碳灭火器。二氧化碳灭火器是利用其内部充装的液态二氧化碳的蒸气压将二氧化碳喷出灭火的一种灭火器具，其利用降低氧气含量，造成燃烧区窒息而灭火。一般当氧气的体积分数低于12%或二氧化碳的体积分数达到30%～35%时，燃烧中止。1 kg的二氧化碳液体，在常温常压下能生成500 L左右的气体，这些足以使1 m³空间范围内的火焰熄灭。由于二氧化碳是一种无色的气体，灭火不留痕迹，并有一定的电绝缘性能等特点，因此，更适宜于扑救600 V以下带电电器、贵重设备、图书档案、精密仪器仪表的初起火灾，以及一般可燃液体的火灾。

（5）卤代烷灭火器。凡内部充入卤代烷灭火剂的灭火器，统称为卤代烷灭火器。卤代烷灭火剂主要通过抑制燃烧的化学反应过程，使燃烧中断，达到灭火目的。其作用是通过除去燃烧连锁反应中的活性基来完成的，这一过程称抑制灭火。卤代烷灭火剂的种类较多，按其种类不同，相应的可分为1211灭火器、1301灭火器、2402灭火器、1202灭火器等。2402灭火剂和1202灭火剂由于毒性较大，对金属筒体的腐蚀性也大，因此在我国不推广使用。我国只生产1211和1301灭火器。

1211灭火器主要用于扑救易燃、可燃液体、气体及带电设备的初起火灾，也能对固体物质如竹、木、纸、织物等的表面火灾进行扑救；尤其适用于扑救精密仪器、计算机、珍贵文物及贵重物资仓库等处的初起火灾；也能用于扑救飞机、汽车、轮船、宾馆等场所的初起火灾。

（6）干粉灭火器。干粉灭火器以液态二氧化碳或氮气作动力，将灭火器内干粉灭火剂喷出进行灭火。该类灭火器主要通过抑制作用灭火，按使用范围可分为普通干粉和多用干粉两大类。普通干粉也称BC干粉，是指碳酸氢钠干粉、改性钠盐、氨基干粉等，主要用于扑灭可燃液体、可燃气体以及带电设备火灾；多用干粉也称ABC干粉，是指磷酸铵盐干粉、聚磷酸铵干粉等，它不仅适用于扑救可燃液体、可燃气体和带电设备的火灾，还适用于扑救一般固体物质火灾，但都不能扑救轻金属火灾。

（二）火灾探测器

物质在燃烧过程中，通常会产生烟雾，同时释放出称之为气溶胶的燃烧气体，它们与空气中的氧发生化学反应，形成含有大量红外线和紫外线的火焰，导致周围环境温度逐渐升高。这些烟雾、温度、火焰和燃烧气体称为火灾参量。

火灾探测器的基本功能就是对烟雾、温度、火焰和燃烧气体等火灾参量做出有效反应，通过敏感元件将表征火灾参量的物理量转化为电信号，送到火灾报警控制器。根据对不同的火灾参量响应和不同的响应方法，分为若干种不同类型的火灾探测器，主要包括感光式火灾探测器、感烟式火灾探测器、感温式火灾探测器、可燃气体火灾探测器和复合式火灾探测器等。

1. 感光式火灾探测器

感光式火灾探测器适用于监视有易燃物质区域的火灾发生，如仓库、燃料库、变电所、计算机房等场所，特别适用于没有阴燃阶段的燃料火灾（如醇类、汽油、煤气等易燃液体、气体火灾）的早期检测报警。按检测火灾光源的性质分类，有红外火焰火灾探测器和紫外火焰火灾探测器两种。

红外线波长较长，烟粒对其吸收和衰减能力较弱，致使在有大量烟雾存在的火场，在距火焰一定距离内，仍可使红外线敏感元件（Pbs红外光敏管）感应，发出报警信号。因此这种探测器误报少，响应时间快，抗干扰能力强，工作可靠。

紫外火焰探测器适用于有机化合物燃烧的场合，例如油井、输油站、飞机库、可燃气罐、液化气罐、易燃易爆品仓库等，特别适用于火灾初期不产生烟雾的场所（如生产储存酒精、石油等场所）。有机化合物燃烧时，辐射出波长约为250 mm的紫外线。火焰温度越高，火焰强度越大，紫外线辐射强度也越大。

2. 感烟式火灾探测器

感烟式火灾探测器是一种感知燃烧和热解产生的固体或液体微粒的火灾探测器，是用于探测火灾初期的烟雾，并发出火灾报警讯号的火灾探测器。它具有能早期发现火灾、灵敏度高、响应速度快、使用面较广等特点。

感烟式火灾探测器分为点型感烟火灾探测器和线型感烟火灾探测器。

（1）点型感烟火灾探测器。点型感烟火灾探测器是对警戒范围中某一点周围的烟参数响应的火灾探测器，分为离子感烟火灾探测器和光电式感烟火灾探测器两种。

离子感烟火灾探测器是核电子学与探测技术的结晶，应用烟雾粒子改变探测器中电离室原有的电离电流。离子感烟火灾探测器最显著的优点是它对黑烟的灵敏度非常高，特别是对早期火警反应非常快，从而受到青睐。但因为其内部必须装有放射性元素，特别是在制造、运输以及弃置等方面对环境造成污染，威胁着人的生命安全。因此，这种产品在欧洲现已开始禁止使用，在我国也终将成为淘汰产品。

光电式感烟火灾探测器是利用烟雾粒子对光线产生散射、吸收原理的感烟火灾探测器。光电式感烟火灾探测器有一个很大的缺点就是对黑烟灵敏度很低，对白烟灵敏度较高，因此，这种探测器适用于火情中所发出的烟为白烟的情况，而大部分的火情早期所发出的烟都为黑烟，所以大大限制了这种探测器的使用范围。

（2）线型感烟火灾探测器。目前生产和使用的线型感烟火灾探测器都是红外光束型的感烟火灾探测器，它是利用烟雾粒子吸收或散射红外线光束的原理对火灾进行监测的。

3. 感温式火灾探测器

感温式火灾探测器是对警戒范围中的温度进行监测的一种探测器，物质在燃烧过程中释放出大量热，使环境温度升高，探测器中的热敏元件发生物理变化，将物理变化转变成的电信号传输给火灾报警控制器，经判别发出火灾报警信号。感温式火灾探测器种类繁多，根据其感热效果和结构形式，可分为定温式、差温式和差定温组合式三类。

（1）定温式火灾探测器。定温火灾探测器是在灭火现场的环境温度达到预定值及其以上时，即能响应，并发出火警信号的火灾探测器。这种探测器有较好的可靠性和稳定性，保养维修也方便，只是响应过程长些，灵敏度低些。根据工作原理的不同，定温式火灾探测器又可分为双金属片定温探测器、热敏电阻定温探测器、低熔点合金探测器等。

（2）差温式火灾探测器。差温式火灾探测器是一种环境升温速率超过预定值时，即能响应的感温探测器。根据工作原理的不同，可分为电子差温火灾探测器、膜盒感温火灾探测器等。

（3）差定温火灾探测器。差定温火灾探测器是一种既能响应预定温度报警，又能响应预定升温速率报警的火灾探测器。

4. 可燃气体火灾探测器

可燃性气体包括天然气、煤气、烷、醇、醛、炔等，当其在某场所的浓度超过一定值时，偶遇明火便会发生燃烧或爆炸（轰燃），是非常危险的。可燃物质燃烧时除有大量烟雾、热量和火光之外，还有许多可燃性气体产生，如一氧化碳、氢气、甲烷、乙醇、乙炔等。利用可燃气体探测器监视这些可燃气体的浓度值，及时发出火灾报警信号，及时采取灭火措施，是非常必要的。

可燃气体火灾探测器主要应用在有可燃气体存在或可能发生泄漏的易燃易爆场所，或应用于居民住宅（有煤气或天然气存在或易发生泄漏的地方）。

安装使用可燃气体火灾探测器应注意以下几点：

（1）应按所监测的可燃气体的密度选择安装位置。监测密度大于空气的可燃气体（如石油液化气、汽油、丙烷、丁烷等）时，探测器应安装在泄漏可燃气体处的下部，距地面不应超过0.5 m。监测密度小于空气的可燃气体（如煤气、天然气、一氧化碳、氨气、甲烷、乙烷、乙烯、丙烯、苯等）时，探测器应安装在可能泄漏处的上部或屋内顶棚上。总之，探测器应安装在经常容易泄漏可燃气体处的附近，或安装在泄漏出来的气体容易流过、滞留的场所。

（2）对于经常有风速0.5 m／s以上气流存在、可燃气体无法滞留的场所或经常有热气、水滴、油烟的场所，或环境温度经常超过40℃的场所，不适宜安装可燃气体探测器。有铅离子（Pb^{2+}）存在的场所，或有硫化氢气体存在的场所，不能使用可燃气体探测器，否则会出现气敏元件中毒而失效。在有酸、碱等腐蚀性气体存在的场所，也不宜使用可燃气体探测器。

（3）应至少每季检查一次可燃气体探测器是否工作正常。例如，可用棉球蘸酒精去靠近探测器检测。

5. 复合式火灾探测器

复合式火灾探测器包括复合式感温感烟火灾探测器、复合式感温感光火灾探测器、复合式感温感烟感光火灾探测器和分离式红外光束感温感光火灾探测器。

（三）消防梯

消防梯是消防队队员扑救火灾时，登高灭火、救人或翻越障碍物的工具。目前普遍使用的有单杠梯、挂钩梯和拉梯三种。消防梯按使用的材料分为木梯、竹梯、铝合金梯等。

（四）消防水带

消防水带是火场供水或输送泡沫混合液的必备器材，广泛应用于各种消防泵、消火栓等消防设备上。按材料不同分为麻织、锦织涂胶、尼龙涂胶；按口径不同分为50 mm、65 mm，75 mm、90 mm；按承压不同分为甲、乙、丙、丁四级，各级承受的水压强度不同，水带承受工作压力分别为大于1 mPa、0.8～0.9 mPa、0.6～0.7 mPa、小于0.6 mPa几种；按照水带长度不同分为15 m、20 m、25 m、30 m。

（五）消防水枪

消防水枪是灭火时用来射水的工具。其作用是加快流速，增大和改变水流形状。按照水枪口径不同分为13 mm、16 mm、19 mm、22 mm、25 mm等；按照水枪开口形式不同分为直流水枪、开花水枪、喷雾水枪、开花直流水枪几种。

（六）消防车

我国的消防车有水罐泵浦车、泡沫消防车、干粉消防车、CO消防车、干粉泡沫水罐泵浦联用消防车和火灾照明车和曲臂登高消防车。

第四节 初起火灾的扑救与人员的疏散逃生

一、初起火灾扑救的原则与方法

在火灾发展变化中，初起阶段是火灾扑救最有利的阶段，将火灾控制和消灭在初起阶段，就能赢得灭火战斗的主动权，就能显著减少事故损失，反之就会被动，造成难以收拾的局面。

（一）初起火灾的扑救原则

企事业单位灭火、救灾指挥人员，在指挥灭火救灾中要遵循"救人第一"，"先控制，后消灭"，"先重点，后一般"等原则。

1. 救人第一的原则

救人第一的原则，是指火场上如果有人受到火势威胁，企事业单位消防队员的首要任务就是把被火围困的人员抢救出来。运用这一原则，要根据火势情况和人员受火势威胁的程度而定。在灭火力量较强时，人未救出之前，灭火是为了打开救人通道或减弱火势对人员的威胁程度，从而更好地为救人脱险、及时扑灭火灾创造条件。在具体实施救人时应遵循"就近优先，危险优先，弱者优先"的基本要求。

2. 先控制，后消灭的原则

先控制，后消灭的原则，是指对于不可能立即扑灭的火灾。要首先控制火势的继续蔓延扩大，在具备了扑灭火灾的条件时，再展开全面进攻，一举消灭。义务消防队灭火时，应根据火灾情况和本身力量灵活运用这一原则。对于能扑灭的火灾，要抓住战机，就地取材，速战速决；如火势较大，灭火力量相对薄弱，或因其他原因不能立即扑灭时，就要把主要力量放在控制火势发展或防止爆炸、泄漏等危险情况的发生上，以防止火势扩大，为彻底扑灭火灾创造有利条件。先控制，后消灭，在灭火过程中是紧密相连、不能截然分开的，只有首先控制住火势，才能迅速将火灾扑灭。控制火势要根据火场的具体情况，采取相应措施。火场上常见的做法有以下几种：

（1）建筑物失火。当建筑物一端起火向另一端蔓延时，可从中间适当部位控制；建筑物的中间着火时，应从两侧控制，以下风方向为主；发生楼层火灾时，应从上下控制，以上层为主。

（2）油罐失火。油罐起火后，要冷却燃烧罐，以降低其燃烧强度，保护罐壁；同时要注意冷却邻近罐，防止因温度升高而爆炸起火。

（3）管道失火。当管道起火时，要迅速关闭阀门，以断绝原料源；堵塞漏洞，防止气体扩散、液体流淌；同时要保护受火势威胁的生产装置、设备等。不能及时关闭阀门或阀门损坏无法断料时，应在严密保护下暂时维护稳定燃烧，并立即设法导流、转移。

（4）易燃易爆单位（或部位）失火。要设法消灭火灾，以排除火势扩大和爆炸的危险；同时要疏散保护有爆炸危险的物品，对不能迅速灭火和不易疏散的物品要采取冷却措施，防止受热膨胀爆裂或起火爆炸而扩大火灾范围。

（5）货场堆垛失火。一垛起火，应阻止火势向邻垛蔓延；货区的边缘堆垛起火，应阻止火势向货区内部蔓延；中间垛起火，应保护周围堆垛，以下风方向为主。

3. 先重点，后一般的原则

先重点、后一般的原则，是就整个火场情况而言的。运用这一原则，要全面了解并认真分析火场的情况，主要包括以下几点：

（1）人和物相比，救人是重点。

（2）贵重物资和一般物资相比，保护和抢救贵重物资是重点。

（3）火势蔓延猛烈的方面和其他方面相比，控制火势蔓延猛烈的方面是重点。

（4）有爆炸、毒害、倒塌危险的方面和没有这些危险的方面相比，处置这些危险的方面是重点。

（5）火场上的下风向与上风向、侧风向相比，下风向是重点。

（6）可燃物资集中区域和这类物品较少的区域相比，这类物品集中区域是保护重点。

（7）要害部位和其他部位相比，要害部位是火场上的重点。

（二）扑救初起火灾的指挥要点

实践证明：扑灭火灾的最有利时机是在火灾的初起阶段。要做到及时控制和消灭初起火灾，主要是依靠群众义务消防队。因为他们对本单位的情况最了解，发生火灾后能在公安消防队和企业专职消防队到达之前，最先到达火场。所以初起火灾发生后，一般首先由起火单位的义务消防队组织指挥和扑救；当本单位企业专职消防队到达火场时，企业专职消防队的领导负责组织指挥和扑救；当公安消防队到达火场时，由公安消防队的领导统一组织指挥。扑救初起火灾的组织指挥工作主要应做好以下几点：

1. 及时报警，组织扑救

义务消防队员，无论在任何时间和场所，一旦发现起火，都要立即报警，并参与和组织群众扑救火灾。当火灾刚发生且不大时，要迅速利用现场的灭火器、沙桶、水泥粉等简易灭火器材灭火，并设法立即报警。报警时，应根据火势情况，首先向周围人员发出火警信号，并通知单位领导和有关部门，要有专人向公安消防部门报警。

2. 积极抢救被困人员

当火场上有人被围困时，要组织力量，积极抢救被困人员。

3. 疏散物资，建立空间地带

火场上要组织一定的人力和机械设备，将受到火势威胁的物资疏散到安全地带，以阻止火势的蔓延，减少火灾损失。

（三）初起火灾扑救的基本方法

初起火灾容易扑救，但必须正确运用灭火方法，合理使用灭火器材和灭火剂，才能有效地扑灭初起火灾，减少火灾危害。

灭火的基本方法，就是根据起火物质燃烧的状态和方式，为破坏燃烧必须具备的基本条件而采取的一些措施。具体有以下四种：

1. 冷却灭火法

冷却灭火法，就是将灭火剂直接喷洒在可燃物上，使可燃物的温度降低到自燃点以下，从而使燃烧停止。用水扑救火灾，其主要作用就是冷却灭火。一般物质起火，都可以用水来冷却灭火。

火场上，除用冷却法直接灭火外，还经常用水冷却尚未燃烧的可燃物质，防止其达到燃点而着火；还可用水冷却建筑构件、生产装置或容器等，以防止其受热变形或爆炸。

2. 隔离灭火法

隔离灭火法，是将燃烧物与附近可燃物隔离或者疏散开，从而使燃烧停止。这种方法适用于扑救各种固体、液体、气体火灾。

采取隔离灭火的具体措施很多。例如，将火源附近的易燃易爆物质转移到安全地点；关闭设备或管道上的阀门，阻止可燃气体、液体流入燃烧区；排除生产装置、容器内的可燃气体、液体，阻拦、疏散可燃液体或扩散的可燃气体；拆除与火源相邻的易燃建筑结构，形成阻止火势蔓延的空间地带等。

3. 窒息灭火法

窒息灭火法，即采取适当的措施，阻止空气进入燃烧区或用惰性气体稀释空气中的氧含量，使燃烧物质缺乏或断绝氧而熄灭，适用于扑救封闭式的空间、生产设备装置及容器内的火灾。

火场上运用窒息法扑救火灾时，可采用石棉被、湿麻袋、湿棉被、沙土、泡沫等不燃或难燃材料覆盖燃烧或封闭孔洞；用水蒸气、惰性气体（如二氧化碳、氮气等）充入燃烧区域；利用建筑物上原有的门以及生产储运设备上的部件来封闭燃烧区，阻止空气进入。此外，在无法采取其他扑救方法而条件又允许的情况下，可采用水淹没（灌注）的方法进行扑救。但在采取窒息法灭火时，必须注意以下几点：

（1）燃烧部位较小，容易堵塞封闭，在燃烧区域内没有氧化剂时，适于采取这种方法。

（2）在采取用水淹没或灌注方法灭火时，必须考虑到火场物质被水浸没后是否会产生不良后果。

（3）采取窒息方法灭火以后，必须确认火已熄灭，方可打开孔洞进行检查。严防过早地打开封闭的空间或生产装置，而使空气进入，造成复燃或爆炸。

（4）采用惰性气体灭火时，一定要将大量的惰性气体充入燃烧区，迅速降低空气中氧的含量，以达到窒息灭火的目的。

4. 抑制灭火法

抑制灭火法，是将化学灭火剂喷入燃烧区参与燃烧反应，中止链反应而使燃烧反应停止。采用这种方法可使用的灭火剂有干粉和卤代烷灭火剂。灭火时，将足够数量的灭火剂准确地喷射到燃烧区内，使灭火剂阻断燃烧反应，同时还要采取冷却降温措施，以防复燃。

在火场上采取哪种灭火方法，应根据燃烧物质的性质、燃烧特点和火场的具体情况，以及灭火器材装备的性能进行选择。

二、火场人员疏散及其逃生路线选择

（一）熟悉所处环境

熟悉我们工作或居住的环境，事先制定较为详细的逃生计划，进行必要的逃生训练和演练。对确定的逃生出口、路线和方法，要让家庭和单位所有成员都要熟知和掌握，必要时可把确定的逃生出口和路线绘制在图上，并贴在明显的位置上，以便平时大家熟悉和在发生火灾时按图上的逃生方法、路线和出口顺利逃出危险地区。

当我们出差、旅游住进宾馆、饭店以及外出购物走进商场或到影剧院、歌舞厅等不熟悉的环境时，都应留心看一看太平门、楼梯、安全出口的位置，以及灭火器、消火栓、报警器的位置，以便必要时能及时逃出危险区或将初期火灾及时扑灭，并在被围困的情况下及时向外面报警求救。这种熟悉是非常必要的，只有养成这样的好习惯，才能有备无患。

（二）选择逃生方法

逃生的方法多种多样。由于火场上的火势大小不同，被围困人员所处位置和使用的器材不同，所采取的逃生方法也不一样，火场上逃生主要有以下方法：

1. 立即离开危险地区

一旦在火场上发现或意识到自己可能被烟火围困，生命受到威胁时，要立即放下手中的工作，争分夺秒，设法脱险，切不可延误逃生良机。

脱险时，应尽量观察，判明火势情况，明确自己所处环境的危险程度，以便采取相应的逃生措施和方法。

2. 选择简便、安全的通道和疏散设施

逃生路线的选择，应根据火势情况，优先选择最简便、最安全的通道和疏散设施。例如，楼房着火时，首先选择安全疏散楼梯、室外疏散楼梯、普通楼梯等。尤其是防烟楼梯、室外疏散楼梯，更为安全可靠，在火灾逃生时，应充分利用。

如果以上通道被烟火封锁，又无其他器材救生时，可考虑利用建筑的阳台、窗口、屋顶、落水管、避雷线等脱险。但应注意查看落水管、避雷线是否牢固，防止人体攀附上以后断裂脱落造成伤亡。

3. 准备简易防护器材

逃生人员多数要经过充满烟雾的路线才能离开危险区域。如果浓烟呛得人透不过气来，可用湿毛巾、湿口罩捂住口鼻。无水时，用干毛巾、干口罩也可以。实践和实验都已证明，湿毛巾和干毛巾除烟效果都较好。使用毛巾捂住口鼻时，一定要使过滤烟的面积增大，将口鼻捂严。在穿过烟雾区时，即使感到呼吸困难，也不能将毛巾从口鼻上拿开，因为拿开时就有立即中毒的危险。在穿过烟雾区时，除用毛巾、口罩捂住口鼻外，还应将身体尽量贴近地面或使用爬行的方法穿过险区。

如果门窗、通道、楼梯等已被烟火封锁，冲出险区有危险时，可向头部、身上浇些冷水或用湿毛巾等将头部包好，用湿棉被、湿毯子将身体裹好或穿上阻燃的衣服，再冲出险区。

4. 自制简易救生绳索，切勿跳楼

当各通道全部被烟火封死时，应保持镇静。可利用各种结实的绳索，如果无绳索可用被褥、衣服、床单或结实的窗帘布等物撕成条，拧好成绳，拴在牢固的窗框、床架或其他室内外的牢固物体上，然后沿绳缓慢下滑到地面或下层的楼层内而顺利逃生。

5. 创造避难场所

在各种通道被切断，火势较大，一时又无人救援的情况下，应关紧迎火的门窗，打开背火的门窗，但不能打碎玻璃，要是窗外有烟进来时，还要关上窗子。如果门窗缝隙或其他孔洞有烟进来时，应该用湿毛巾、湿床单等物品堵住或挂上湿棉被等难燃或不燃的物品，并不断向物品、门窗、地面上洒水，并淋湿房间的一切可燃物。等待消防队的到来，救助脱险。

（三）火场逃生注意的事项

火场逃生要迅速，动作越快越好，切不要为穿衣服或寻找贵重物品而延误时间，要树立时间就是生命、逃生第一的思想。

逃生时要注意随手关闭通道上的门窗，以阻止和延缓烟雾向逃离的通道流蹲。通过浓烟区时，要尽可能以最低姿势或匍匐姿势快速前进，并用湿毛巾捂住口鼻。不要向狭窄的角落退避，如墙角、桌子底下、大衣柜里等。

如果身上衣服着火，应迅速将衣服脱下，如果来不及脱掉可就地翻滚，将火压灭，不要身穿着火衣服跑动，若附近有水池、河塘等，可迅速跳入水中。若人体已被烧伤时，应注意不要跳入污水中，以防感染。

火场上不要轻易乘坐普通电梯。这个道理很简单，其一，发生火灾后，往往容易断电而造成电梯"卡壳"，给救援工作增加难度；其二，电梯口直通大楼各层，火场上烟气涌入电梯极易形成"烟囱效应"，人在电梯里随时会被浓烟毒气熏呛而窒息。

火灾刚刚发生的时候，应迅速向消防部门报警，同时积极参加初起火灾的扑救。

第五章 煤矿及非煤矿山安全技术

第一节 矿山安全技术

矿床开采方式主要有露天开采、地下开采和海洋开采三种。

一、矿山安全生产基本条件

（一）露天开采基本条件

1. 露天开采的特点

（1）露天开采的主要优点。主要表现为：

①受开采空间限制小，可采用大型机械设备，有利于实现自动化生产，从而可大大提高开采强度和矿石产量；

②资源回收率高；

③劳动生产率高；

④生产成本低；

⑤开采条件好，作业比较安全；

⑥建设速度快，单位矿石基建投资较低。

（2）露天开采的主要缺点。主要表现为：

①占用土地多，地表受到破坏；

②受气候影响大；

③对矿床的埋藏条件要求严，适用于矿体埋藏较浅的矿床。

2. 露天开采的主要安全问题

（1）爆破作业的安全问题。爆破作业中有较多的不安全因素，包括爆破准备、药包加工、装药、起爆和爆后检查等。爆破作业中产生的爆破地震波、冲击波、飞石可能对人及建筑物产生危害，早爆和拒爆的处理可能引起大的安全事故。

（2）机械运行的安全问题。穿孔机、潜孔钻机、牙轮钻机行走作业时，由于露天作业条件恶劣可引发各种安全事故；电铲作业时机械室内、电铲作业范围内、电铲向汽车装载时，以及电铲作业台阶会发生岩块悬浮、倒挂和拒爆等不安全因素。

（3）交通运输的安全问题。露天矿铁路运输中撞车、脱轨、道口肇事，线路弯曲、下沉，行驶过程的制动，调车时的摘挂车等均可引发事故；矿用汽车运输作业时的制动失灵、夜间照明不良、路况不好、行驶过程中翻斗自起等均可导致事故；露天矿带式运输作业中，由于保护罩不当，人员靠近胶带行走引起伤人等。

（4）露天矿山用电安全问题。露天矿使用的三相交流电、采场移动设备的高压胶缆，各种接地保护失灵、各类电气设备的安装检修等都存在不安全因素。

（5）边坡稳定及防排水的安全问题。露天矿边坡的滚石、塌方、滑坡等事故对矿山生产及机械设备人身安全危害极大，凹陷露天矿由于暴雨等灾害性气候可引起采场淹没。

（6）阶段构成的安全问题。由于露天矿阶段构成要素在设计和生产中选择不当，可造成边坡安全隐患和引发事故。因此，露天矿阶段高度、工作阶段坡面角、非工作阶段的最终坡面角和最小工作平台宽度等应严格执行有关规定和设计的要求。

3. 露天矿山开采安全生产的基本条件

①工作帮和非工作帮的边坡角、台阶高度、平台宽度及台阶坡面角应符合安全规程的要求，并对影响边坡的滑体采取有效的措施。

②采矿方法和开采顺序合理，并符合设计和安全规程的要求。

③采矿、铲装、运输设备的安全防护装置和信号装置齐全可靠。

④爆破安全距离符合《爆破安全规程》的要求，采场避炮设施安全可靠。

⑤有防排水、防尘供水系统，各产尘点防尘措施及装备齐全可靠。

⑥供电、照明、通信系统及避雷装置安全可靠。

⑦按规定选择电气设备、仪器仪表，其安装和保护装置符合要求并安全可靠。

⑧尾矿和排土场的设置符合安全规程的要求。

⑨按规定建立矿山救护组织，配备救护器材，制定事故应急救援预案。

⑩对开采中产生的噪声、振动、有毒有害物质等采取预防措施。

⑪水文、地质及有关图纸等技术资料齐全。

⑫安全生产规章制度健全，按要求设置安全管理机构，配置安全管理人员，对特种作业人员按规定进行培训和考核。

（二）地下矿山开采安全生产的基本条件

①地下开采矿山的井口和平硐及其主要构筑物的位置应不受岩移、滑坡塌陷、山洪暴发和雪崩的危害。井口标高应在历年最高洪水位3 m以上。

②主要井巷的位置应布置在稳定的岩层中，避免布置在含水层、断层和受断层破坏的岩层中，特别是岩溶发育地层的流沙中。若难以避开时，应有专门设计，并报主管部门批准。

③每个生产矿井必须有两个独立的能上下人的直达地表的安全出口，两个出口之间的距离不能小于30 m。各个生产中段（水平）和各个采场必须要有两个能上下人的安全出口与直达地表的安全出口相通。矿山两个通往地面的安全出口中，如有一个出口不适于人员通行时，应停止坑内采掘工作，直至修复或设置新出口为止。

④采矿方法和开采顺序合理，并符合安全规程的要求，

⑤选用适应顶板特点的支护形式和器材，井下巷道断面的宽度和高度应满足生产和行人的要求。

⑥矿井有完整、合理的通风系统，采用机械通风；新矿井、新水平（区段）、新采区的开采应按设计的要求形成通风系统，井下通风构筑物、设备设施的设置和质量以及通风的风质、风量、风速要符合矿山安全规程的要求。

⑦矿井开采的防排水、防尘供水、供电、照明安全可靠，对开采中产生的噪声、振动、有害物质等有预防措施。

⑧提升运输系统的安全保护和信号装置齐全可靠，其设备的选择、安装、试运转符合安全要求；按规定选择电气设备、仪器仪表，其安装和保护装置符合要求并安全可靠。

⑨尾矿和排土场的设置符合安全规程的要求。

⑩有自燃倾向的矿井有完善的防灭火系统，消防器材、材料配置及数量符合要求。

⑪按规定建立矿山救护组织，配备救护器材，制定事故应急救援预案。

⑫安全生产规章制度健全，按要求设置安全管理机构，配置安全管理人员，对特种作业人员按规定进行教育培训与考核，持证上岗。

二、井巷施工安全

1. 矿山井巷工程形式

为了开采地下矿床，首先需要向地下掘进一系列井巷通达矿体，使地表与矿

床之间形成完整的运输、提升、通风、行人、供电、供水等生产系统。为开拓矿床而掘进的井巷称之为开拓井巷。

矿山井巷工程主要包括井筒、井底车场巷道及硐室、主要石门、运输大巷、采区巷道及回风巷道等全部工程。

矿山井巷主要有平巷（硐）、斜井、立（竖）井（包含天井、溜井）等形式。

2. 矿山井巷施工常见事故及防治技术

（1）井巷施工期间常见事故。井巷施工期间常见事故主要有：顶板冒落事故、立（竖）井施工的悬吊与提升事故、水灾事故、火灾事故和瓦斯煤尘事故等。

（2）防治措施

①顶板冒落事故防治措施。搞好掘进地段的地质调查工作，加强工作面顶板管理与支护和维护，加强对顶板和浮石的检查与处理等。

②立（竖）井施工的悬吊与提升事故防治措施。完善提升机的各种保护装置及信号装置，以及完善井口设施，加强对吊桶与罐笼的检修，对提升钢丝绳要验收、检查与定期维护；各种悬吊设备设计时必须符合《矿山井巷工程施工与验收规范》；平时要定期检查加强管理。

③水灾事故防治措施。认真分析水文地质资料，查明水源、加强探水或超前探水、堵塞水路、疏干排水等措施。

④火灾事故防治措施。加强动火管理、设置消防设施、加强对易燃物质的堆放管理、制定井下灭火措施（如风流反向、隔绝灭火法、设置防火墙等）以及加强火区管理等措施。

⑤瓦斯煤尘事故防治措施。可以通过瓦斯抽放、加强通风管理等措施来进行预防。

三、矿山开采安全

（一）常用采矿方法及适用条件

1. 采煤方法

（1）壁式体系采煤法。根据煤层厚度不同，对于薄及中厚煤层，一般采用一次采全厚的单一长壁采煤法；对于厚煤层，一般是将其分成若干中等厚度的分层，采用分层长壁采煤法。按照回采工作面的推进方向与煤层走向的关系，壁式采煤法又可分为走向长壁采煤法和倾斜长壁采煤法两种类型。

①缓倾斜及倾斜煤层单一长壁采煤法。回采工艺主要有炮采、普通机械化采煤和综合机械化采煤。

炮采工作面回采工序包括破煤、装煤、运煤、推移输送机、工作面支护和顶板控制六大工序。

普通机械化采煤是用浅截式滚筒采煤机落煤、装煤，利用可弯曲刮板输送机运煤，使用单体液压支柱（或摩擦金属支柱）和铰接硬梁组成的悬臂式支架支护的采煤方法。

综合机械化采煤是指采煤的全部生产过程，包括落煤、装煤、运煤、支护、顶板控制以及回采巷道运输等全部实现机械化的采煤方法。

②综合机械化放顶煤开采技术。我国放顶煤开采主要是指长壁综合机械化放顶煤开采（以下简称综放开采）。综放开采的实质是沿煤层底部布置一个长壁工作面，用综合机械化方式进行回采，同时充分利用矿山压力作用（特殊情况下辅以人工松动方法），使工作面上方的顶煤破碎，并在支架后方（或上方）放落、运出工作面的一种井工开采方式。

（2）柱式体系采煤法。柱式体系采煤法分为3种类型：房式、房柱式及巷柱式。房式及房柱式采煤法的实质是在煤层内开掘一些煤房，煤房与煤房之间以联络巷相通。回采在煤房中进行，煤柱可留下不采；或在煤房采完后，再回采煤柱。前者称为房式采煤法，后者称为房柱式采煤法。

2. 金属及非金属地下矿山采矿方法

为了回采矿石而在矿块中所进行的采准、切割和回采工作的总和称为采矿方法。根据矿石回采过程中采场管理方法的不同，金属及非金属矿山地下采矿方法可分为空场采矿法、充填采矿法和崩落采矿法等。

（1）空场采矿法。将矿块划分为矿房和矿柱，分两步开采，即先采矿房后采矿柱，以围岩本身的强度及矿柱来支撑采空区的顶板。空场采矿法在回采过程中，采空区主要依靠暂留或永久残留的矿柱进行支撑，采空区始终是空着的，一般在矿石和围岩根很稳固时采用。根据回采时矿块结构的不同与回采作业特点，空场采矿法又可分为全面采矿法、房柱采矿法、留矿采矿法、分段矿房法和阶段矿房法等。

（2）崩落采矿法。崩落采矿法是以崩落围岩来实现地压管理的采矿方法，即随着崩落矿石，强制崩落围岩充填采空区，以控制和管理地压。此法可适用于稳固岩石和不稳固岩石。主要包括单层崩落法、分层崩落法、阶段崩落法。

（3）充填采矿法。随着回采工作面的推进，逐步用充填料充填采空区，防止矿岩冒落的采矿方法叫充填采矿法。有时还用支架与充填料相配合，以维护采空区、充填采空区，目的主要是利用所形成的充填体进行地压管理，以控制围岩崩落和地表下沉，并为回采创造安全和便利的条件。有时还用来预防有自燃矿石的内因火灾。按矿块结构和回采工作面推进方向充填采矿法又可分为单层充填采矿法、上向分层充填采矿法、下向分层充填采矿法和分采充填采矿法。按采用的充填料和输出方式不同，又可分为干式充填采矿法、水力充填采矿法、胶结充填采矿法。

（二）矿山开采安全技术

1. 采场矿山压力及其控制方法

（1）回采工作面矿山压力的基本概念。在矿体没有开采之前，岩体处于平衡状态。当矿体开采后，形成了地下空间，破坏了岩体的原始应力，引起岩体应力重新分布，并一直延续到岩体内形成新的平衡为止。在应力重新分布过程中，使岩体产生变形、移动、破坏，从而对工作面、巷道及围岩产生压力。

①矿山压力。由开采过程而引起的岩移运动对支架围岩所产生的作用力。

②矿山压力显现。在矿山压力作用下所引起的一系列力学现象，如顶板下沉和垮落、底板鼓起、片帮、支架变形和损坏、充填物下沉压缩、煤岩层和地表移动、露天矿边坡滑移、冲击地压、煤与瓦斯突出等现象，矿山压力显现是矿山压力作用的结果和外部表现。

（2）工作面的围岩分类与顶板支护方法。

①工作面围岩分类。直接顶以直接顶初次垮落步距为基本指标，进行稳定性分类。根据基本顶压力显现强烈程度，将基本顶压力显现分为四级。

为避免支架或支柱在工作面出现压入底板现象，应根据实测的底板容许极限载荷强度作为基本指标，底板抗压刚度作为辅助指标对工作面底板抗压特性进行分类。

②工作面顶板支护方式。回采工作面支架主要有单体摩擦式金属支柱、单体液压支柱和液压自移支架等几种。少数矿井也还使用木支柱。

（3）矿山开采常见顶板事故。回采工作面常见顶板事故是冒顶事故，主要分为六大类：

①顶板事故；

②压垮型冒顶；

③复合顶板推垮型冒顶；

④金属网下推垮型冒顶；

⑤漏垮型冒顶；

⑥冲击推垮型（砸垮型）。

（4）冲击地压预防技术。冲击地压的预防技术主要是防范措施与解危措施两方面。

①防范措施。主要包括预留开采保护层；尽量少留矿（煤）柱和避免孤岛开采；尽量将主要巷道和硐室布置在底板岩层中；回采巷道采用大断面掘进；尽可能避免巷道多处交叉；加强顶板控制；确定合理的开采顺序；煤层预注水，以降低煤体的弹性和强度等。

②解危措施。包括卸载钻孔、卸载爆破、诱发爆破和煤层高压注水等。

2. 矿山开采的主要灾害及预防

（1）主要灾害类型。开采过程中的事故类型主要有冒顶、片帮、冲击地压和水灾、火灾以及机械伤害等。

（2）灾害预防措施。灾害预防措施主要有：

①顶板冒落事故防治措施；

②水灾事故防治措施；

③火灾事故防治措施；

④加强机械的维护与管理，严格按作业规程操作。

四、矿山机电安全

（一）矿山供电安全

1. 基本要求

由于矿山生产环境的特殊性，对供电有如下要求：

（1）供电可靠。对矿山企业的重要负荷，如主要排水、通风与提升设备，一旦中断供电，可能发生矿井淹没、有毒有害气体聚集或停罐甚至坠罐等事故。采掘、运输、压气及照明等中断供电，也会造成不同程度的经济损失或人身事故。

根据对供电可靠性要求的不同，矿山电力负荷分为以下三级。

①一级负荷。凡因突然中断供电会危及人员生命安全，使重要设备损坏报

废，造成重大经济损失的均属一级负荷，如因事故停电有淹没危险的矿井的主排水泵；有火灾、爆炸危险或含有对人有生命危害的气体的地下矿的主通风机；无平硐或其他安全出口的竖井载人提升机；金矿选矿的氰化搅拌池。一级负荷应采用两个独立的线路供电，其中任何一条线路发生故障，其余线路的供电能力应能担负全部负荷。

②二级负荷。凡因突然停电会严重减产，造成重大经济损失的为二级负荷，如露天和地下矿山生产系统的主要设备，因事故停电有淹没危险的露天矿的主要排水设备，以及高寒地区采暖锅炉房的用电设备等。二级负荷的供配电线路一般应设一回路专用线路；有条件的，可采用两回线路。

③三级负荷。凡不属于一级和二级负荷的为三级负荷，如小型矿山的用电设备（属于一级负荷的除外），以及矿山的机修、仓库、车库等辅助设施的供电等。三级负荷一般采用单回路专线供电。

（2）供电安全。矿山生产的工作环境特殊，必须按照安全规程的有关规定进行供电，确保安全生产。

（3）供电质量。高供电质量是衡量供电的电压和频率是否在额定值和允许的偏差范围内，因用电设备在额定值下运行性能最好。供电电压允许偏移范围为±5%，电压偏移增大，用电设备性能恶化，严重时会造成设备的损坏。

（4）供电经济。从降低供电设施、器材的建设投资和减少供电系统的电能损耗及维护费用等方面考虑，以求供电的经济性。

2. 电压等级

矿山供配电电压和各种电气设备的额定电压等级如下：

①露天矿和地下矿地面高压电力网的配电电压，一般为6 kV和10 kV。

②露天矿场和地下矿山的地面低压配电，一般采用380 V和380 V/220 V的配电电压。

③照明电压、运输巷道、井底车场，应不超过220 V；采掘工作面、出矿巷道、天井及天井至回采工作面之间，不超过36 V；行灯或移动式电灯的电压，应不超过36 V。

④携带式电动工具的电压，应不大于127 V。

⑤电机车供电电压，采用交流电源应不超过400 V，采用直流电源应不超过600 V。

⑥在金属容器和潮湿地点作业，安全电压不得超过12 V。

3. 电气安全保护

（1）中性点接地方式。低压供电系统一般有两种供电方式，一种是将配电变压器的中性点通过金属接地体与大地相接，称中性点直接接地方式；另一种是中性点与大地绝缘，称中性点不接地方式。

由于矿山井下环境恶劣，对安全用电要求特别高，为此，安全规程规定井下配电变压器以及金属露天矿山的采场内不得采用中性点直接接地的供电系统；地面低压供电系统以及露天矿采场外地面的低压电气设备的供电系统，一般都是采用中性点直接接地的系统。

许多小矿山，井上下共用一台变压器，为了能满足安全规程的要求，要采用中性点不接地的方式，并要保持网路的绝缘性能。为了避免和减轻高压蹿入低压的危险，要将中性点通过击穿保险器同大地连接起来，或在三相线路上装设避雷器，如图5-1所示。

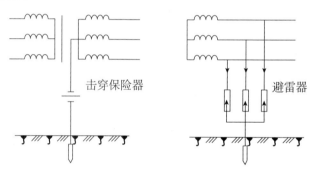

图5-1 中性点不接地系统防高压窜入的措施

（2）接地和接零。运行中的电气设备可能由于绝缘损坏等原因，使它的金属外壳以及与电气设备相接触的其他金属物上出现危险的对地电压。人体接触后，就有可能发生触电危险。为避免触电事故的发生，最常用的保护措施是接地和接零。

①保护接地。矿井内部保护接地措施如下所述。

a. 矿井内所有电气设备的金属外壳及电缆的配件、金属外皮等，都要接地。巷道中接地电缆线路的金属构筑物等也要接地。

b. 在井下，应设置局部接地极的地点有：装有固定电气设备的硐室和单独的高压配电装置；采区变电所和工作面配电点；铠装电缆每隔100 m左右应就地接地一次，遇到接线盒时应接地。

c．矿井电气设备保护接地系统的一般规定：所有需要接地的设备和局部接地板，都应与接地干线连接。接地干线与主接地板连接，形成接地网；移动和携带式电气设备，应采用橡套电缆的接地芯线接地，并与接地干线连接；所有应接地的设备，要有单独的接地连接线，禁止将几台设备的接地连接线串联连接；所有电缆的金属外皮（不论使用电压高低），都应有可靠的电气连接，以构成接地干线。无电缆金属外皮可利用时，应另敷设接地干线。

d．中段的接地下线都应与主接地极相接。敷设在钻孔中的电缆，如不能与矿井接地干线连接，应将主接地板设在地面。钻孔套管可以用作接地极。

e．主接地极应设在矿井水仓或积水坑中，且不应少于两组。局部接地极可设于积水坑、排水沟或其他适当地点。

②保护接零。在380 V/220 V的三相四线制中性点接地的供电系统中，把设备正常不带电的外壳与中性点接地的零线连接，称为保护接零。当某相带电部分碰上金属设备的外壳时，通过设备的外壳形成该相线对零线的单相短路，短路电流I_d能使线路上的过流保护装置（如熔断器等）迅速动作，从而将故障部分切断电源，消除触电危险。

当某相发生碰壳短路时，短路电流往往不能使过流保护装置动作而长期存在，人体处在与保护接地装置并联的状态，这对人体也是很危险的；因此，中性点接地系统要采用保护接零。如果装设电流动作型漏电保护器，能将一定数值的漏电流可靠地切除，则在中性点接地系统中采用保护接地还是能够保障安全的。

③接地与接零的要求。

a．在同一低压电网中，不允许将一部分电气设备采用保护接地，而另一部分接零。

b．接地（接零）装置一定要牢固可靠；接地线的截面不能过小，要有足够的机械强度；

接地导线的连接必须良好，应采用螺栓紧固和焊接。

c．保护接地和工作接地（变压群的中性点接地）的接地电阻不超过4 Ω，容量为100 mW及以下，变压器的接地电阻不超过10 Ω，零线的重复接地电阻不超过10 Ω，容量100 mW及以下者不超过30 Ω。

d．接地装置要经常检查，及时维护，接地电阻每年应测定一次。

（3）继电保护。电力系统发生故障或出现异常现象时，为了将故障部分切除，或者防止故障范围扩大，减少故障损失，保证系统安全运行，需要利用电气自动装置来保护。电气自动装置的主要器件是继电器，装有继电器的保护装置称为继电保护装置。

继电保护的作用是：①当电力系统发生足以损坏设备或危及安全运行的故障时，使被保护设备快速脱离系统；②当电力系统或某些设备出现非正常情况时，及时发出警报信号，以使工作人员迅速进行处理，使之恢复正常工作状态；③在电力系统的自动化以及工业生产的自动控制（如自动重合闸，备用电源自动投入，遥控、遥测、通信等）中，作为重要的控制元素。

（4）漏电保护。井下低压电网的漏电保护装置，一般是在电源端装设一台漏电继电器，对电网绝缘进行监视。当电网绝缘下降（漏电）到一定数值或接地时，漏电继电器就动作，并在极短的时间内将电源总开关自动切断。当人体触电时，漏电继电器也将动作。

漏电保护的使用范围有：

①防触电、防火要求较高的场所和新、改、扩建工程使用各类低压用电设备、插座。

②对新制造的低压配电柜（箱、屏）、动力柜（箱）、开关箱（柜），操作台、实验台，以及机床、起重机械、各种传动机械等机电设备的动力配电箱，在考虑设备的过载、短路、失压、断相等保护的同时，必须考虑漏电保护。

③建筑施工场所、临时线路的用电设备。

④手持式电动工具（除Ⅲ类外）、其他移动式机电设备以及触电危险性大的用电设备。

⑤潮湿、高温、金属占有系数大的场所及其他导电良好的场所。

⑥应采用安全电压的场所，不得用漏电保护器代替。如使用安全电压确有困难，须经企业安全管理部门批准，方可用漏电保护器作为补充保护。

⑦额定漏电动作电流不超过30 mA的漏电保护器，在其他保护措施失效时，可作为直接接触的补充保护，但不能作为唯一的直接接触保护。

⑧选用漏电保护器，应根据保护范围、人身设备安全和环境要求确定。一般应选用电流型漏电保护。

⑨当漏电保护器作为分级保护时，应满足上下级动作的选择性。一般上一级漏电保护器的额定漏电动作电流应不小于下一级漏电保护器的额定漏电动作电流或是所保护线路设备正常漏电电流的2倍。

⑩在不影响线路、设备正常运行（即不误动作）的条件下，应选用漏电动作

电流和动作时间较小的漏电保护器。

⑪选用漏电保护器，应满足使用电源电压、频率、工作电流和短路分断能力的要求。

⑫选用漏电保护器，应满足保护范围内线路、用电设备相（线）数要求。保护单相线路和设备时，应选用单极二线或二极产品；保护三相线路和设备时，可选用三极产品；保护既有三相又有单相的线路和设备时，可选用三极四线或四极产品。

⑬在需要考虑过载保护或有防火要求时，应选用具有过电流保护功能的漏电保护器。

⑭在爆炸危险场所，应选用防爆型漏电保护器；在潮湿和水汽较大场所，应选用密闭型漏电保护器；在粉尘浓度较高场所，应选用防尘型或密闭型漏电保护器。

⑮固定线路的用电设备和正常生产作业场所，应选用带漏电保护器的动力配电箱；建筑工地与临时作业场所用电设备，应选用移动式；临时使用的小型电气设备，应选用漏电保护插头（座）或带漏电保护器的插座。

（5）过电流保护。过电流是指电气设备或线路的电流超过规定值，有短路和过载两种情况。短路是一种故障状态，一般是由设备或线路的绝缘损坏而造成的。短路电流大大超过正常工作电流。过载是指用电设备或线路的负荷电流及相应的时间（过载时间）超过允许值。

为了保障安全可靠供电，电网或用电设备应装设过电流保护装置，当电网发生短路或过载故障时，过电流保护装置运作，迅速可靠地切除故障，避免造成严重后果。

常用的过电流保护装置有熔断器、热继电器、电磁式过电流继电器。熔断器主要用于保护电气设备及线路的短路，对于照明负荷，也可用作过载保护。热继电器是一种利用双金属片在通过电流时产生热量，使其温度升高，发生变形，可使触电动作的元器件，用来保护电气设备的过载。电磁式过电流继电器是一种利用电流产生磁力使开关自动切断的装置。

（6）防雷电保护。雷电经历的时间很短促，电流极大，高达200～300 kA，放电时温度可达20 000℃，放电的瞬间出现耀眼的闪光和震耳的轰鸣，具有强大的破坏力，可在瞬间击毙人畜，焚毁房屋和其他建筑物，毁坏电气设备的绝缘，造成大面积、长时间的停电事故，甚至造成火灾和爆炸事故，危害十分严重。

防雷包括电力系统的防雷和建筑物与其他设施的防雷，主要措施是采用避雷针（线、网）和避雷器。

避雷针以及避雷线和避雷网能保护建（构）筑物和高压输电线路等免受雷击。烟囱、水塔、井架和高大的建筑物以及存有易燃、易爆物质的房屋（如炸药库、油库等）上，应装设避雷针（线、网）。避雷针通过引下线和接地装置将雷电电流引入大地，其接地要牢靠，接地电阻一般不应超过10 Ω。

避雷器是用来限制电力系统过电压幅值，以保护电气设备的过电压保护装置。避雷器通常顶端接电气线路，底端接地，平时有很大的电阻，像绝缘体，使在正常状态下不致漏电。一旦线路上产生过电压时，避雷器被击穿而成导体，在线路和大地间放电，使线路和设备免遭损坏。当电压消失时，避雷器停止放电，电阻恢复原来的数值。避雷器有阀型避雷器和管型避雷器两种类型。

（7）安全标志。电气安全标志有警告用的标志以及区别各种性质和用途的标志两种。警告用的标志一般是警告牌或警告提示，如闪电符号，在高压电器上注明"高压危险"的警告语，检修设备的电气开关上应挂"有人作业，禁止送电"的警告牌等。表示不同的性质和用途的标志一般是采用不同颜色来标志，如红色按钮表示停机按钮，绿色按钮表示开机按钮等。还有各种用途的电气信号指示灯。

（二）井下电气设备的类型及选用规定

为了在煤矿井下安全使用电能，不论是低瓦斯矿井、高瓦斯矿井或有煤（岩）与瓦斯（二氧化碳）突出的矿井，均须采用矿用电气设备。矿用电气设备分为矿用一般型和矿用防爆型两类。

1. 矿用一般型电气设备

矿用一般型电气设备应符合GB 12173—1990的规定。矿用一般型适用煤矿井下无瓦斯、煤尘爆炸危险场所或其他类似的地下工业生产部门。

2. 矿用防爆型电气设备

（1）适用于爆炸危险场所电气设备的分类。I类：煤矿用电气设备；Ⅱ类：除煤矿外的其他爆炸性气体环境用电气设备。这些设备外壳的明显处都有在这种场所使用的电气设备的特别标志"Ex"。矿用防爆电气设备应符合GB 3836—2000《爆炸性气体环境用电气设备》系列标准。

（2）矿用防爆型电气设备防爆形式及代号。隔爆型电气设备"d"，增安型电气设备"e"，本质安全型电气设备"i"，正压型电气设备"p"，充油型电气设备"o"，充砂型电气设备"q"，浇封型电气设备"m"，无火花型电气设备"n"，气密型电气设备"h"，特殊型电气设备"s"。

（3）煤矿常用防爆电气设备的防爆标志。矿用隔爆型电气设备的防爆标志为：Exd I；矿用本质安全型电气设备的防爆标志为Exib I（或Exia I）；矿用隔爆兼本质安全型电气设备的防爆标志为Exd[ib]工（或Exd[ia]I）；矿用增安型电气设备的防爆标志为Exe I；矿用增安兼本质安全型电气设备的防爆标志为Exe[ib]工。

3. 矿用型电气设备的选用

矿用电气设备的选用，应符合规定要求，否则必须制定安全措施。

普通型携带式电气测量仪表，必须在瓦斯浓度1.0%以下的地点使用，并实时监测使用环境的瓦斯浓度。

带电的矿用电气设备，严禁在井下开盖检查或检修，严禁带电搬迁或运输。井下电气设备不应超过额定值运行。矿用电气设备变更额定值使用和进行技术改造时，必须经国家授权的矿用产品质量监督检验部门检验合格后，方可投入运行。

矿用防爆电气设备入井前，应检查其"产品合格证""防爆合格证""煤矿矿用产品安全标志"及安全性能；检查并签发合格证后，方准入井。

（三）电气工作安全措施

在电气设备及线路检修及停送电等工作中，为了确保作业人员的安全，应采取必要的安全组织措施和安全技术措施。

1. 组织措施

电气安全工作的组织措施具体有三项：

（1）工作票制度。工作票是准许在电气设备或线路上工作以及进行停电、送电、倒闭操作的书面命令。工作票上要写明工作任务、工作时间、停电范围、安全措施、工作负责人等。同时，签发人和工作负责人要在上面签字。签发人必须根据工作票的内容安排好各方面的协调工作，避免误送电。除按规定填写工作票之外的其他工作或紧急情况，可用口头或电话命令。口头或电话命令要清楚，并要有记录。紧急事故处理可不填工作票，但必须做好安全保护工作，并设专人监护。

（2）工作监护制度。工作监护制度是保证人身安全及操作正确的重要措施，可防止工作人员麻痹大意，或对设备情况不了解造成差错；并随时提醒工作人员遵守有关的安全规定。万一发生事故，监护人员可采取紧急措施，及时处理，避免事故扩大。

（3）恢复送电制度。停电检修等工作完成后，应整理现场，不得有工具、器材遗留在工作地点。待全体工作人员撤离工作地点后，要把有关情况向值班人员交代清楚，并与值班人员再次检查，确认安全合格后，然后在工作票上填明工作终结时间。值班人员接到所有工作负责人的完成报告，并确认无误后，方可向设备或线路恢复送电。合闸送电后，工作负责人应检查电气设备和线路的运行情况，正常后方可离开。

2. 技术措施

在电气设备和线路上工作，尤其是在高压场所上工作，必须完成停电、验电、放电、装设临时接地线、悬挂警告牌、装设遮拦等保证安全的技术措施。

（1）停电。对所有可能来电的线路，要全部切断，且应有明显的断开点。要特别注意防止从低压侧向被检修设备反送电，要采取防止误合闸的措施。

（2）验电。对已停电的线路要用与电压等级相适应的验电器进行验电。

（3）放电。其目的是消除被检修设备上残存的电荷。放电可用绝缘棒或开关进行操作。应注意线与地之间、线与线之间均应放电。

（4）装设临时接地线。为防止作业过程中意外送电和感应电，要在检修的设备和线路上装设临时接地线和短路线。

（5）悬挂警告牌和装设遮拦。在被检修的设备和线路的电源开关上，应加锁并悬挂"有人作业，禁止送电"的警告牌。对于部分停电的作业，安全距离小于0.7 m的未停电设备，应装设临时遮拦，并悬挂"止步，高压危险"的标示牌等。

（四）电气火灾消防技术

①电气火灾发生后，电气设备可能是带电的，这对消防人员是非常危险的，可能会发生触电伤亡事故。因此，电气火灾发生后，无论带电与否，都必须首先切断电气设备的电源。

②电气设备本身有的是充油设备，如电力变压器、油断路器、电动机启动补偿器等。当火灾发生后，可能会发生喷油或爆炸，造成火焰蔓延，扩大火灾事故

范围。因此，充油电气设备发生火灾时，如不能立即扑灭，应将油放进事故贮油池内。

③当电气设备火灾发生后，应及时关闭有关的门窗、通道，以免火灾事故的蔓延。

④电气火灾发生后，现场电气人员一方面尽快切断电源，并组织人力用现场的灭火器材或其他可灭火的器材，按照火源的不同情况尽快灭火；另一方面尽快疏散在场的人员，并组织人力抢救有关财物，尽量减少损失。

⑤电气火灾发生后，如果火势较大，现有灭火器材及人力难以扑灭时，应立即拨通火警电话"119"，说明地点、火情、联系方法或电话号码。

⑥电气火灾发生后，如面积较大，必须做好警戒，封锁所有通道、路口，非消防人员禁止进入现场。

⑦消防人员进入现场后，火场的扑救工作由消防人员统一组织指挥，现场的电气工作人员及其他人员应听从指挥，主要是疏散物资、维持秩序、救护伤员等。千万不要乱拉消防水带、水枪或者持灭火器、消防桶冲入火场，以减少不必要的损失。

⑧如果火场上的房屋有倒塌的危险，或者交配电装置及电气设备或线路周围的贮罐、受压容器及扩散开来的可燃气体有爆炸危险的时候，警戒的范围要扩大，留在现场灭火的人员不宜太多，除消防人员外均应退到安全的区域。

⑨电气火灾被扑灭后，电气工作人员应及时清理现场、扑灭余火、恢复供电。恢复供电前必须进行一系列测试和试验，达不到标准要求时，严禁合闸送电。

⑩电气火灾发生后，最忌讳的就是胡乱指挥，莽撞行事，逃离现场，推脱责任，互相埋怨，胡乱猜疑。

（五）矿山机电伤害事故及预防

1. 矿山电气事故种类及危害

（1）电气设备及线路事故。由于短路、过负荷、接地、缺相、漏电、绝缘破坏、振荡、安装不当、调整试验漏项或精度不够、维护检修欠妥、设计先天不足、运行人员经验不足、自然条件破坏、人为因素及其他原因导致电气设备及线路发生的爆炸、起火、人员伤亡、设备与线路损坏，以及由于跳闸而停电造成的经济及政治损失。

（2）电流及电击伤害事故。指由于电气设备及线路事故造成的，或由于工作人员或其他人员违反操作规程、安全注意事项，以及教育不够、管理不力等因素造成的人身触电而引起的伤亡事故。

（3）电磁伤害事故。指由于高频电磁场对人体的作用，使人吸收辐射能量，引起中枢神经功能系统紊乱失调以及对心血管系统的伤害，同时对人情绪的影响以及害怕电磁辐射而引起的慌乱、心绪杂乱而造成的操作伤害事故。

（4）雷电事故。指由于自然界中的雷击而造成的毁坏建筑物，毁坏电气设备与线路及其引发的雷电直接对人、畜伤害事故和爆炸、火灾事故。

（5）静电伤害事故。指生产过程中由于摩擦、高速等原因产生的静电放电而引起的爆炸、火灾以及对人、设备的电击造成的伤害。

（6）爆炸、火灾危险场所电气事故。引发的爆炸火灾事故指爆炸、火灾危险场所由于电气设备的危险温度或放电火花、电弧、静电放电等因素而引发的可燃性气体、易燃易爆物品的爆炸、着火以及伴随的设备损坏及人身伤亡事故。这类事故有较大的危险性，会给生产带来毁坏性的灾难及大量的人员伤亡，这类事故必须杜绝。

2. 触电事故的原因及预防措施

触电事故的具体原因大致可归纳为下列15种情况。

（1）在变配电装置上触电。这类事故的发生多为电气工作人员粗心大意、违章作业，没有执行工作票和监护制度，没有执行停电、验电、放电、装设地线、悬挂标志牌及装设遮拦等规定，违反了安全操作规程所致。为防止这类事故，应严格执行安全操作规程，作业时落实安全组织措施和安全技术措施。

（2）在架空线路上触电。这类事故多为当停电操作时，电气工作人员没有做好验电、放电及跨接临时接地线工作；当带电作业时，带电作业安全措施不落实或监护不力所致。这类触电一般伴有摔伤。预防这类事故应严格执行安全操作规程，作业时落实安全组织措施和安全技术措施。

（3）在架空线路下触电。这类事故多发生于非电气工作人员，如高处作业误触带电导线，金属杆及潮湿杆件触及带电导线或吊车臂碰及导线，导线断落后误触或碰及人身。预防措施为当在架空线路下及周围作业时，必须做好防护措施，严禁在架空线路附近竖立高金属杆或潮湿杆件，恶劣天气时应避开架空线路。

（4）电缆触电。这类事故一般是由于电缆受损或绝缘击穿，挖土时碰击，带电情况下拆装移位，电缆头放炮等所致。预防措施是电缆应加强巡视检查，周期进行检测，禁止在电缆沟附近挖土，运行的电缆在检修时必须遵守操作规程，必须落实安全组织措施和安全技术措施。

（5）开关元件触电。这类事故多由于元件带电部位裸露、外壳破损、外壳接地不良，以及工作人员违反操作规程、粗心大意所致。预防措施：加强巡检，定期进行检修，严格执行安全操作规程及安全措施。

（6）盘、柜、箱触电。这类事故为设备本身制造上有缺陷或接地不良、安装不当所致，有的则为违反操作规程、粗心大意所致。预防措施有加强巡检，定期进行检修，严格执行安全操作规程及安全措施。此外要加强盘柜制造上的管理和监督，提高质量标准，满足防潮、防尘、防火、防爆、防触电、防漏电等要求，电气工作人员对有严重缺陷的盘柜可拒绝安装，并加强对盘柜的测试工作。

（7）熔电器触电。这类事故多为违反操作规程，高压无安全措施及监护人所致。措施同（1）。

（8）携带式照明灯触电。这类事故多为没有采用安全电压（36 V以下）或行灯变压器不符合要求、错接等。预防措施是携带式照明灯安装后应测试其灯口的电压，非电气工作人员不得安装电气设备。

（9）手持电动工具、移动式电气设备、携带式电气设备触电。这类事故发生多为设备本身破损漏电、接线错误或接地不良、导线破损漏电所致。预防措施是加强手持、携带、移动电气设备的管理、维修保养，接线必须由有经验的电气工作人员进行，系统应安装漏电保护装置。

（10）电动起重机械触电。这类事故一般为误操作或带电修理所致，也有由于漏电所致。预防措施是严格执行安全操作规程，做好巡检、维修保养及周期检查工作。

（11）临时用电触电。这类事故多为乱接乱拉、管理不善、超负荷运行、野蛮施工、接地不良、强行用电所致。预防措施是临时用电必须按国家临时用电规程执行，严格管理，禁止乱接乱拉。临时用电的安装应由企业安全部门验收合格后才能使用。

（12）作业现场非电气的金属物件带电触电。这种意外触电，多为系统接地不良或电气绝缘损坏所致。预防措施是系统接地必须良好，加强接地系统和线路的巡视检查及测试，及时修复。

（13）电气设备金属外壳带电触电。这类事故多为接地不良造成或电气设备的漏电跳闸、绝缘监察、保护装置选择不当、调整过大所致。预防措施概括为系统接地必须良好，加强接地系统和线路的巡视检查及测试，及时修复；加强系统电气设备的巡视检查、维护保养。

（14）保护接地不良所致。预防措施是严格执行安全操作规程，加强维护保养，调整保护装置。

（15）其他意外触电。这类事故多在架空线路断线、杆倒、电缆严重漏电或者自然灾害造成电气设备损坏、线路断裂时，人们误入危险区域造成。预防措施主要包括严格设计，规范安装，加强巡视检查和维修检修，执行安全操作规程，提高技术水平，普及电气知识，完善管理。

3. 机械伤害预防措施

（1）正确行为。要避免事故的发生，首先要求作业人员的行为要正确，不得有误，此外，要加强管理，建立健全安全操作规程并要严格对操作者进行岗位培训，使其能正确熟练地操作设备；要按规定穿戴好防护用品；对于在设备开动时有危险的区域，不准人员进入。

（2）良好的设备。安全性能操纵机构要灵敏，便于操作。机器的传动皮带、齿轮及联轴器等旋转部位都要装设防护罩壳；对于设备的某些容易伤人或一般不让人接近的部位要装设栏杆或栅栏门等隔离装置；对于容易造成失足的沟、堑，应有盖板。要装设各种保险装置，以避免人身和设备事故。

保险装置是一种能自动清除危险因素的安全装置，可分为机械和电气两类，根据所起的作用可分为下列几种：

①锁紧件。如锁紧螺丝、锁紧垫片、夹紧块、开口销等，以防止紧固件松脱。

②缓冲装置。用以减弱机械的冲击力。

③防过载装置。如保险销（超载时自动切断的销轴）、易熔塞、摩擦离合器及电气过载保护元件等，能在设备过载时自动停机或自动限制负载。

④限位装置。如限位器、限位开关等，以防止机器的动作超出规定的范围。

⑤限压装置。如安全阀等，以防止锅炉、压力容器及液压或气动机械的压力超限。

⑥闭锁装置。在机器的门盖没有关好或存在其他不允许开机的状况，使得设备不能开动；在设备停机前不能打开门盖或其他有关部件。

⑦制动装置。当发生紧急情况时能自动迅速地使机器停止转动，如紧急闸等。

⑧其他保护装置。如超温、断水、缺油、漏电等保护。

要装设各种必要的报警装置。当设备接近危险状态，人员接近危险区域时，能自动报警，使操作人员能及时做出决断，进行处理。各种仪表和指示装置要醒目、直观、易于辨认。机械的各部分强度应满足要求，安全系数要符合有关规定。对于作业条件十分恶劣，容易造成伤害的机器或某些部件，应尽可能采用离机操纵或遥控操纵，以避免对人员伤害的可能性。

（3）良好的作业环境条件要为设备的使用和安装、检修创造必要的环境条件。如设备所处的空间不能过于狭小，现场整洁，有良好的照明等，以便于设备的安装和维修工作顺利进行，减少操作失误而造成伤害的可能性。

（4）加强维修工作。要保证设备的安全性能，除了要设计、制造安全性能优良的设备外，设备的安装、维护、检修工作十分重要，尤其是对于移动频繁的采掘和运输设备，更要注意安装和维修工作质量。

第二节　矿山主要危害及其防治措施

一、矿井通风

（一）矿井通风系统

1. 矿井通风类型

矿井通风的目的是在正常生产时期，保证井下工作地点有足够氧气；把井下产生的各种有毒有害气体和矿尘稀释到无害的程度并排出矿外；给井下工作地点创造良好的气候条件。发生灾变时，能及时有效控制风向和风量，并与其他措施结合防止灾害扩大。

矿井通风系统是由向井下各作业地点供给新鲜空气、排出污浊空气的通风网路和通风动力以及通风控制设施等构成的工程体系。矿井通风系统与井下各作业地点相联系，对矿井通风安全状况具有全局性影响，是搞好矿井通风防尘的基础工程。无论新设计的矿井或生产矿井，都应把建立和完善矿井通风系统作为搞好安全生产、保护矿工安全健康、提高劳动生产率的一项重要措施。

矿井通风系统按服务范围分为统一通风和分区通风；按进风井与回风井在井田范围内的布局分为中央式（见图5-2）、对角式（见图5-3）和中央对角混合式（见图5-4）；按主扇的工作方式分为压入式、抽出式和压抽混合式。此外，阶段通风网络、采区通风网络和通风构筑物，也是通风系统的重要构成要素。防止漏风，提高有效风量率，是矿井通风系统管理的重要内容。

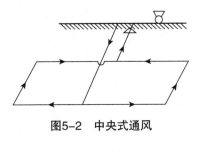

图5-2 中央式通风

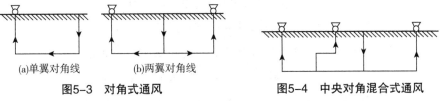

(a)单翼对角线 　　(b)两翼对角线

图5-3 对角式通风 　　　　　　图5-4 中央对角混合式通风

2. 主要通风机工作方式与安装地点

不同的通风方式，一方面使矿井空气处于不同的受压状态，另一方面在整个通风线路上形成了不同形式的压力分布状态，从而在风量、风质和受自然风流干扰的程度上，出现了不同的通风效果。

主要通风机工作方式有压入式、抽出式和压抽混合式3种。

（1）压入式。整个通风系统在压入式主要通风机作用下，形成高于当地大气压的正压状态。在进风段，由于风量集中，造成较高的压力梯度，外部漏风较大。在需风段和回风段，由于风路多，风流分散，压力梯度较小，受自然风流的干扰而发生风流反向。压入式通风系统的风门等风流控制设施均安设在进风段，由于运输、行人频繁，因而不易管理、漏风大。由专用进风井压入式通风，风流不受污染，风质好，主提升井处于回风状态（漏风），对寒冷地区冬季提升井防冻有利。

压入式通风适合在下列条件下采用：①回采过程中回风系统易受破坏，难以维护；②矿井有专用进风井巷，能将新鲜风流直接送往作业地点；③靠近地表开采或采用崩落法开采，覆盖岩层透气性好；④矿石或围岩含放射性元素，有氡及氢子体析出。

（2）抽出式。整个通风系统在抽出式主扇的作用下，形成低于当地大气压的负压状态。回风段风量集中，有较高的压力梯度；在进风段和需风段，由于风流分散，压力梯度较小。回风段压力梯度高，使作业面的污浊风流迅速向回风道集中，烟尘不易向其他巷道扩散，排出速度快。此外，由于风流调控设施均安装于回风道中，不妨碍运输、行人，因而管理方便、控制可靠。

抽出式通风的缺点是，当回风系统不严密时，容易造成短路吸风，特别是当采用崩落法开采，地表有塌陷区与采空区相连通的情况下更为严重。在回风道上部建立严密的隔离层，将回风系统与上部采空区隔开，防止短路吸风，是保证抽出式通风发挥良好作用的重要条件。抽出式通风的另一个特点是，作业面和进风系统负压较低，易受自然风压影响出现风流反向，造成井下风流紊乱。抽出式通风使主要提升井处于进风状态，风流易受污染。寒冷地区的矿山还应考虑冬季提升井防冻。一般来说，只要能够维护一个完整的回风系统，使之在回采过程中不致遭到破坏，采用抽出式通风比较有利。我国金属矿山大部分采用抽出式通风。

（3）压抽混合式。在进风段和回风段均利用主要通风机控制风流，使整个通风系统在较高的压力梯度作用下，驱使风流沿指定路线流动，故排烟快、漏风少，也不易受自然风流干扰而造成风流反向。这种通风方式兼压入式和抽出式两种通风方式的优点，是提高矿井通风效果的重要途径。当然，压抽混合式通风所需通风设备多，管理较复杂。

在下述条件下可采用压抽混合式通风：①采矿作业区与地面塌陷区相沟通，采用压抽混合式可平衡风压，控制漏风量；②有自然发火危险的矿山，为防止大量风流漏入采空区引起发火，可采用压抽混合式；③利用地层的调温作用解决提升井防冻的矿井，可在预热区安设压入式通风机送风，与抽出式主要通风机相配合，形成压抽混合式。

（4）主要通风机安装地点。主要通风机可安装在地表，也可安装在井下，一般多安装在地表。

主要通风机安装在地表的主要优点是：安装、检修、维护管理比较方便；井下发生灾变事故时，通风机不易受到损害，便于采取停风、反风或控制风量等应急措施。其缺点是：井口密闭、反风装置和风硐的漏风较大；当矿井较深、工作面距主要通风机较远时，沿途漏风大；在地形条件复杂的情况下，安装、建筑费用较高。

主要通风机安装在地下的优点是：主要通风机装置漏风少；通风机靠近作业区，沿途漏风也少；可利用较多井巷进风或回风，降低通风阻力；密闭工程量较少。其缺点是：安装、检修和管理不方便；易因井下灾害而遭到破坏。

在下列情况下可考虑将主要通风机安装在井下：①地形险峻，在地面无适当地点可供安装主扇，或地面有山崩、滚石、滑坡等不利因素，威胁主要通风机安全；②矿井进风区段运输行人频繁，风流难以控制；而回风区段又与采空区及地表塌陷区沟通，不易隔离；③矿井深部开采阶段，作业面距地表主要通风机远，沿途漏风大且不易控制；④使用小型通风机进行多级机站通风。

主要通风机安装在井下时应注意的问题：①主要通风机应安装在不受地压及其他灾害威胁的安全地点；②进风系统与回风系统之间一切漏风通道应严加密闭；③抽出式通风的地下主要通风机，主要通风机房和检修通道应供给新鲜风流；④采用具有良好空气动力性能的机站结构，降低通风阻力。

3. 矿井漏风

矿井漏风是指通风系统中风流沿某些细小通道与回风巷或地面发生渗漏的短路现象。产生漏风的条件是有漏风通道并在其两端有压力差存在。矿井漏风按其地点可分为外部漏风和内部漏风，前者是指地表与井下之间的漏风，后者是指井下各处的漏风。

矿井漏风会造成动力的额外消耗，使矿井、采矿区和工作面的有效风量（送达用风地点的风量）减少，造成瓦斯积聚、气温升高等，影响生产和工人身体健康；大量的漏风会使通风系统稳定性降低，风流易紊乱，调风困难，易发生瓦斯事故；会使采空区、被压碎的煤柱和封闭区内的煤炭及可燃物发生氧化自燃，易发生火灾；当地表有塌陷区时，老窑裂隙的漏风会将采空区的有害气体带入井下，使井下环境条件恶化而威胁安全生产。

4. 矿井反风

矿井反风是为防止灾害扩大和抢救人员的需要而采取的迅速倒转风流方向的措施。

（1）全矿性反风。全矿反风是指井下各主要风道的风流全部反向的反风。

在矿井进风井、井底车场、主要进风大巷或中央石门发生火灾时常采用全矿性反风，避免火灾烟气流入人员密集的采掘工作面。《煤矿安全规程》规定：矿井主要通风机必须装有反风设施，并能在10分钟内改变巷道中风流方向，当风流方向改变后，主要风机的供给风量不应小于正常供风量的40%。每年应进行1次反风演习，反风设施至少每季度检查1次；矿井通风系统有较大变化时，应进行1次反风演习。

（2）局部反风。在采区内部发生灾害时，维持主要通风机正常运转，主要进风风道风向不变，利用风门开启或关闭造成采区内部风流反向的反风。

（二）矿井通风参数及风量计算

1. 通风参数

（1）压力。静压是单位体积空气具有的对外做功的机械能所呈现的压力，是风流质点热运动撞压器壁面而呈现的压力，包括绝对静压和相对静压。

位压是单位体积内空气在地球引力作用下，相对于某一基准面产生的重力位能所呈现的压力。水平巷道的风流流动无位压差，在非水平巷道，风流的位压差就是该区段垂直空气柱的重力压强。

动压是单位体积空气风流定向流动具有的动能所呈现的压力，又称为速压。风流动压通常用皮托管配合压差计测定。

全压是单位体积风流具有的静压与动压的压力之和。

总压力（总机械能）是矿井风流在井巷某断面具有的静压（能）、位压（能）和动压（能）的总和。

（2）风速。风速的测定采用风表，风表一般分为高速风表（≥10 m/s）、中速风表（0.5～10 m/s）和微速风表（0.3～0.5 m/s）。

2. 矿井风量计算

矿井风量按下列要求分别计算，并选取其中的最大值：

①按井下同时工作的最多人数计算，每人每分钟供风量不少于4 m^3。

②按采煤、掘进、硐室和其他地点实际需要风量的总和进行计算。各地点的实际需要风量，必须使该地点的风流中的瓦斯、二氧化碳、氢气和其他有害气体的浓度，风速以及温度，每人供风量符合矿山安全规程的有关规定。

（三）矿用通风设备和通风构筑物

1. 矿用通风设备

矿用通风设备中最主要的是通风机。通风机按其服务范围的不同，可分为主要通风机、辅助通风机、局部通风机；按通风机的构造和工作原理，可分为离心式通风机和轴流式通风机。

主要通风机是用于全矿井或矿井某一翼（区）的通风；辅助通风机是用于矿井通

风网络内的某些分支风路中借以调节其风量、帮助主要通风机工作；局部通风机是用于矿井局部地点通风的，它产生的风压几乎全部用于克服它所连接的风筒阻力。

通风机的工作基本参数是风量、风压、效率和功率，它们共同表达通风机的规格和特性。通风机的合理选择是要求预计的工况点在H造—词Q曲线的位置应满足两个条件：

①通风机工作时稳定性好，预计工况点的风压不超过$H—Q$曲线驼峰点风压的90%，而且预计工况点更不能落在$H—Q$曲线点以左——非稳定工作区段。

②通风机效率要高，最低不应低于60%。

2. 通风构筑物

矿井通风构筑物是矿井通风系统中的风流调控设施，用以保证风流按生产需要的路线流动。凡用于引导风流、遮断风流和调节风量的装置，统称为通风构筑物。合理地安设通风构筑物，并使其通常处于完好状态，是矿井通风技术管理的一项重要任务。通风构筑物可分为两大类：一类是通过风流的构筑物，包括主要通风机、风硐、反风装置、风桥、导风板、调节风窗和风障；另一类是遮断风流的构筑物，包括挡风墙和风门等。

（四）局部通风技术

1. 局部通风方法

向井下局部地点进行通风的方法称局部通风方法。按通风动力形式的不同，可分为局部通风机通风、矿井全风压通风和引射器通风，其中以局部通风机通风最为常用。

（1）局部通风机通风。局部通风机的常用通风方式有压入式、抽出式、压抽混合式。

①压入式通风。局部通风机及其附属装置安装在距离掘进巷道口10 m以外的进风侧，将新鲜风流经风筒输送到掘进工作面，污风沿掘进巷道排出。

②抽出式通风。局部通风机安装在距离掘进巷道口10 m以外的回风侧。新鲜风流沿巷道流入，污风通过风筒由局部通风机抽出。

③混合式通风。混合式通风是压入式和抽出式两种通风方式的联合运用，其中压入式向工作面供新鲜风流，抽出式从工作面抽出污风，其布置方式取决于掘进工作面空气中污染物的空间分布和掘进、装载机的位置。

（2）矿井全风压通风。全风压通风是利用矿井主要通风机的风压，借助导风设施把新鲜空气引入掘进工作面。其通风量取决于可利用的风压和风路风阻。

（3）引射器通风。利用引射器产生的通风负压，通过风筒导风的通风方法称为引射器通风。引射器通风一般都采用压入式。

2. 局部通风管理

①瓦斯喷出和煤（岩）与瓦斯（二氧化碳）突出煤层的掘进通风方式必须采用压入式。

②压入式局部通风机和启动装置，必须安装在进风巷道中，距掘进巷道回风口不得小于10 m。

③瓦斯喷出区域、高瓦斯矿井、煤（岩）与瓦斯（二氧化碳）突出矿井中，掘进工作面的局部通风机应采用三专（专用变压器、专用开关、专用线路）供电。

④严禁使用3台以上（含3台）的局部通风机同时向1个掘进工作面供风；不得使用1台局部通风机同时向2个掘进工作面供风。

⑤恢复通风前，必须检查瓦斯。只有在局部通风机及其开关附近10 m以内风流中的瓦斯浓度都不超过0.5%时，方可人工开启局部通风机。

（五）地下开采对通风的要求

①所有矿井应建立完善的机械通风系统。矿井应根据生产变化及时调整通风系统，并绘制全矿通风系统图。井下大爆破时，应专门编制通风设计和安全措施，由主管矿长批准执行。

②矿井通风系统的有效风量率不得低于60%。

③采场形成通风系统之前，不得投产回采。矿井主要进风风流不能通过采空区和陷落区，需要通过时，应砌筑严密的通风假巷引流。主要进风巷和回风巷要经常维护，保持清洁和风流畅通，禁止堆放材料和设备。

④进入矿井的空气不得受有害物质的污染。放射性矿山出风井与入风井的间距应大于300 m。从矿井排出的污风，不得对矿区环境造成危害。

⑤箕斗井不得兼作风井。混合井作风井时，应采取有效的净化措施，保证风源质量。

主要回风井巷，禁止用作人行道。

⑥各采掘工作面之间不得采用不符合本标准卫生要求的风流进行串联通风。井下破碎硐室、主溜井等处的污风，应引入回风道。井下炸药库和充电硐室，应有独立的回风道。充电硐室空气中氢气的含量，不得超过0.5%（按体积计算）。

井下所有机电硐室都应供给新鲜风流。

⑦采场、二次破碎巷道和电耙巷道，应利用贯穿风流通风或机械通风。电耙司机应位于风流的上风侧。

⑧采空区应及时密闭。采场开采结束后，应封闭所有与采空区相通的、影响正常通风的巷道。

⑨通风构筑物（风门、风桥、风窗、挡风墙等）应由专人负责检查、维修，保持完好严密状态。主要运输巷道应设两道风门，其间距应大于一列车的长度。手动风门应与风流方向成80°~85°的夹角，并逆风开启。

⑩风桥的构造和使用应符合规定：风量超过20 m/s时，应开绕道式风桥；风量为10~20 m/s时，可用砖、石、混凝土砌筑；风量小于10 m/s时，可用铁风筒；木制风桥只准临时使用；风桥与巷道的连接处应做成弧形。

二、煤矿瓦斯及其防治措施

（一）瓦斯性质及其瓦斯参数

1. 瓦斯性质

瓦斯是指矿井中主要由煤层气构成的以甲烷为主的有害气体，有时单独指甲烷。瓦斯是一种无色、无味、无臭、可以燃烧或爆炸的气体，难溶于水，扩散性较空气高。瓦斯无毒，但浓度很高时，会引起窒息。

2. 煤层瓦斯赋存状态

瓦斯在煤层中的赋存形式主要有两种状态：在渗透空间内的瓦斯主要呈自由气态，称为游离瓦斯或自由瓦斯，这种状态的瓦斯服从理想气体状态方程；另一种称为吸附瓦斯，它主要吸附在煤的微孔表面上和煤的微粒内部，占据着煤分子结构的空位或煤分子之间的空间。实测表明，在目前开采深度下（1 000~2 000 m以内）煤层吸附瓦斯量占70%~95%，而游离瓦斯量占5%~30%。

3. 煤层瓦斯含量及测定

煤层瓦斯含量是指单位质量煤体中所含瓦斯的体积，单位为 m^3/t。煤层瓦斯含量是确定矿井瓦斯涌出量的基础数据，是矿井通风及瓦斯抽放设计的重要参数。煤层在天然条件下，未受采动影响时的瓦斯含量称原始含量；受采动影响，已有部分瓦斯排出后而剩余在煤层中的瓦斯量，称残存瓦斯含量。

影响煤层原始瓦斯含量的因素很多，主要有煤化程度、煤层赋存条件、围岩性质、地质构造、水文地质条件等。

煤层瓦斯含量测定方法目前主要有地勘钻孔测定法、实验室间接测定法和井下快速直接测定法3种。

4. 煤层瓦斯压力及测定方法

煤层瓦斯压力是存在于煤层孔隙中的游离瓦斯分子热运动对煤壁所表现的作用力。煤层瓦斯压力是用间接法计算瓦斯含量的基础参数，也是衡量煤层瓦斯突出危险性的重要指标。测定方法主要有直接测定法和间接测压法。

（二）矿井瓦斯涌出及瓦斯等级

1. 矿井瓦斯涌出的形式

开采煤层时，煤体受到破坏或采动影响，贮存在煤体内的部分瓦斯就会离开煤体而涌入采掘空间，这种现象称为瓦斯涌出。矿井瓦斯涌出形式可分普通涌出和特殊涌出两种。

2. 矿井瓦斯涌出量及主要影响因素

矿井瓦斯涌出量是指开采过程中正常涌入采掘空间的瓦斯数量。瓦斯涌出量的表示方法有两种：①绝对瓦斯涌出量，即单位时间涌入采掘空间的瓦斯量，单位为 m^3/min；②相对瓦斯涌出量，即单位质量的煤所放出的瓦斯数量，单位为 m^3/t。

影响矿井瓦斯涌出量的因素主要有煤层瓦斯含量、开采规模、开采程序、采煤方法与顶板管理方法、生产工序、地面大气压力的变化、通风方式和采空区管理方法等。

3. 矿井瓦斯等级及其鉴定

《煤矿安全规程》规定，一个矿井中只要有一个煤（岩）层发现瓦斯，该矿井即为瓦斯矿井。瓦斯矿井必须依照矿井瓦斯等级进行管理。

根据矿井相对瓦斯涌出量、矿井绝对瓦斯涌出量和瓦斯涌出形式划分为：低瓦斯矿井、高瓦斯矿井和煤（岩）与瓦斯（二氧化碳）突出矿井。

①低瓦斯矿井：矿井相对瓦斯涌出量小于或等于10 m^3/t且矿井绝对瓦斯涌出量小于或等于40 m^3/min。

②高瓦斯矿井：矿井相对瓦斯涌出量大于10 m^3/t或矿井绝对瓦斯涌出量大于

$40 \ m^3/ \ min$。

③煤（岩）与瓦斯（二氧化碳）突出矿井：矿井在采掘过程中，只要发生过一次煤（岩）与瓦斯（二氧化碳）突出，该矿井即定为煤（岩）与瓦斯（二氧化碳）突出矿井。

《煤矿安全规程》规定：每年必须对矿井进行瓦斯等级和二氧化碳涌出量鉴定。

（三）瓦斯喷出及预防

1. 瓦斯喷出

矿井瓦斯喷出是指从煤体或岩体裂隙、孔洞或炮眼中大量瓦斯异常涌出的现象。在20 m巷道范围内，涌出瓦斯量大于或等于$1.0 \ m^3/ \ min$，且持续时间在8小时以上时，该采掘区域即定为瓦斯喷出危险区域。

瓦斯喷出的预兆：矿压活动显现激烈，煤壁片帮严重、底板突然鼓起、支架承载力加大甚至破坏，煤层变软、潮湿等。

2. 瓦斯喷出的预防

瓦斯喷出的预防措施包括：

①加强矿井地质工作，摸清采掘地区的地质构造情况；

②在可能发生喷出的地区掘进巷道时，打前探钻孔或抽排钻孔；

③加大喷出危险区域的风量；

④将喷出的瓦斯直接引入回风巷或抽放瓦斯管路；

⑤掌握喷出的预兆，及时撤离工作人员，并配备自救器，安设压气自救系统；

⑥掌握矿压规律，避免矿压集中，及时处理顶板，以防大面积突然卸压造成瓦斯喷出。

（四）煤（岩）与瓦斯（二氧化碳）突出及预防

煤（岩）与瓦斯（二氧化碳）突出是指在地应力和瓦斯的共同作用下，破碎的煤（岩）和瓦斯（二氧化碳）由煤体或岩体内突然向采掘空间抛出的异常动力现象。煤（岩）与瓦斯（二氧化碳）突出具有突发性、极大破坏性和瞬间携带大量瓦斯（二氧化碳）和煤（岩）冲出等特点，能摧毁井巷设施、破坏通风系统、造成人员窒息，甚至引起瓦斯爆炸和火灾事故，是煤矿最严重的灾害之一。

煤（岩）与瓦斯（二氧化碳）突出是由地应力、瓦斯和煤的物理力学性质三者综合作用的结果。

1. 煤（岩）与瓦斯（二氧化碳）突出的一般规律

①突出危险性随采掘深度的增加而增加。

②突出危险性随煤层厚度的增加而增加，尤其是软分层厚度。

③石门揭煤工作面平均突出强度最大，煤巷掘进工作面突出次数最多，爆破作业最易引发突出，采煤工作面突出防治技术难度最大。

④突出多数发生在构造带、煤层遭受严重破坏的地带、煤层产状发生显著变化的地带、煤层硬度系数小于0.5的软煤层中。

⑤突出发生前通常有地层微破坏、瓦斯涌出变化、煤层层理紊乱、钻孔卡钻夹钻、煤壁温度降低、散发煤油气味、煤层产状发生变化等预兆。

⑥突出按动力源作用特征可分为3种类型，即突出、压出和倾出；按突出物分类可分为4种类型，即煤与瓦斯突出、煤与二氧化碳突出、岩石与瓦斯突出、岩石与二氧化碳突出。

2. 煤（岩）与瓦斯（二氧化碳）突出预测

我国煤（岩）与瓦斯（二氧化碳）突出预测分为区域性预测和工作面预测两类。

（1）区域性预测。区域性预测的任务是确定井田、煤层和煤层区域的危险性，在地质勘探、新井建设和新水平开拓时进行。区域性预测主要有如下几种方法：

①单项指标法。采用煤的破坏类型、瓦斯放散初速度、煤的坚固性系数和煤层瓦斯压力作为预测指标，各种指标的突出危险临界值应根据实测资料确定。

②按照煤的变质程度。煤层的突出危险程度与其挥发分之间是密切相关的：在烟煤的挥发分大于35%和无烟煤的比电阻的对数值小于3.3时，没有突出危险；而挥发分在18%～22%时突出危险最高。

③地质统计法。根据已开采区域突出点分布与地质构造的关系，然后结合未采区域的地质构造条件来大致预测突出可能发生的范围。

（2）日常预测。日常预测也称工作面预测，其任务是确定工作面附近煤体的突出危险性，即该工作面继续向前推进时有无突出危险。

①石门揭煤突出危险性预测。石门揭煤突出危险性预测的方法主要有：

a. 指标法。在石门向煤层至少打2个测压孔，测定煤层瓦斯压力，并在打钻过程中综合采样，测定煤的坚固性系数和瓦斯放散初速度，按综合指标进行预测。

b. 钻屑指标法。在距煤层最小垂距3～5 m时至少向煤层打2个预测钻孔，用1～3 mm的筛子冲洗液中的钻屑，测定其瓦斯解吸指标。钻屑瓦斯解吸指标的临界值应根据现场实测数据确定。

c. 钻孔瓦斯涌出初速度结合瓦斯涌出衰减系数。当石门距煤层3 m以外时，至少打2个穿透煤层全厚的预测钻孔，打钻结束后马上用充气式胶囊封孔器封孔，充气压力0.5 mPa。打钻结束到开始测量的时间不应超过5分钟。封孔后先测第1分钟的瓦斯涌出初速度，第2分钟测定解吸瓦斯压力，如果瓦斯涌出初速度超过预定的工作指标，还须测定第5分钟的钻孔涌出速度，以便算出瓦斯涌出衰减系数。

②煤巷突出危险性预测。煤巷突出危险性预测的方法主要有：

a. 钻孔瓦斯涌出初速度法。在距巷道两帮0.5 m处，各打一个平行于巷道掘进方向的钻孔，用充气式胶囊封孔器封孔，测定钻孔瓦斯涌出初速度，从打钻结束到开始测量的时间不应超过2分钟。

b. 钻屑指标法。在工作面打2个或3个钻孔。钻孔每打1 m测定一次钻屑量，每打2 m测定一次钻屑解吸指标。根据每个钻孔沿孔深每米的最大钻屑量和钻屑解吸指标预测工作面突出危险性。

3. 防治煤（岩）与瓦斯（二氧化碳）突出的措施

（1）防治突出的技术措施。防治突出的技术措施主要分为区域性措施和局部性措施两大类：区域性措施是针对大面积范围消除突出危险性的措施；局部性措施主要在采掘工作面执行，针对采掘工作面前方煤岩体一定范围消除突出危险性的措施。目前区域性措施主要有3种，即预留开采保护层、大面积瓦斯预抽放、控制预裂爆破；局部性措施有许多种，如卸压排放钻孔、深孔或浅孔松动爆破、卸压槽、固化剂、水力冲孔等。

（2）"四位一体"综合防治突出措施。所谓"四位一体"综合防治突出措施，就是说首先应对开采煤层及其对开采煤层构成影响的邻近煤层进行突出危险性预测。对确认的突出危险区域，应采取区域性防治突出技术措施；对确认的突出危险工作面，必须采取防治突出技术措施。在采取防治突出技术措施后，必须对防治突出技术措施和消除突出危险性的效果进行检验，如果检验有效，在采取安全防护措施的前提下进行采掘作业；如果检验无效，必须补充防治突出技术措施，直至再次检验为有效时方可在采取安全防护措施前提下进行采掘作业，否则必须继续补充技术措施。

（3）安全防护措施。安全防护措施是控制突出危害程度的措施。也就是说即使发生突出，也要使突出强度降低，对现场人员进行保护，不致危及人身安全。如震动性放炮、远距离放炮、反向防突风门、压风自救器、个体自救器等。

（五）瓦斯爆炸及预防

矿井瓦斯不助燃，但它与空气混合成一定浓度后，遇火能燃烧、爆炸。瓦斯爆炸时会产生3个致命的因素：爆炸火焰、爆炸冲击波和有毒有害气体。瓦斯爆炸不仅造成大量的人员伤亡，而且还会严重摧毁矿井设施、中断生产。矿井瓦斯爆炸往往引起煤尘爆炸、矿井火灾、井巷坍塌和顶板冒落等二次灾害。

1. 瓦斯爆炸的条件

引起瓦斯燃烧与爆炸必须具备3个条件：一定浓度的甲烷、一定温度的引火源和足够的氧气。

2. 预防瓦斯爆炸技术措施

①防止瓦斯积聚和超限。

②严格执行瓦斯检查制度。

③防止瓦斯引燃的措施。

④防止瓦斯爆炸灾害扩大的措施。

（六）矿井瓦斯抽放

1. 瓦斯抽放方法

瓦斯抽放系统主要由瓦斯抽放泵、瓦斯抽放管路（带阀门）、瓦斯抽放钻孔或巷道、钻孔或巷道密封等组成。

根据抽放瓦斯的来源，瓦斯抽放可以分为：本煤层瓦斯预抽、邻近层瓦斯抽放、采空区瓦斯抽放以及几种方法的综合抽放。

2. 瓦斯抽放指标

（1）反映瓦斯抽放难易程度的指标。该指标有煤层透气性系数、钻孔瓦斯流量衰减系数、百米钻孔瓦斯涌出量。

（2）反映瓦斯抽放效果的指标。该指标有瓦斯抽放量、瓦斯抽放率。

3. 瓦斯抽放主要设备设施

（1）瓦斯抽放泵。瓦斯抽放泵是进行瓦斯抽放最主要的设备。

（2）瓦斯抽放管路。瓦斯抽放管路是进行瓦斯抽放必备也是使用量最大的材料。

（3）瓦斯抽放施工用钻机。绝大多数的瓦斯抽放工程都需要利用钻孔进行瓦斯抽放，因此，钻机是进行瓦斯抽放的矿井使用最多的设备。

（4）瓦斯抽放参数测定仪表。煤矿瓦斯流量测定仪表主要有孔板流量计、均速管流量计、皮托管、涡街流量计等。

（5）瓦斯抽放钻孔的密封。封孔是确保抽放效果的重要环节，加强封孔的日常施工管理，是提高封孔质量的主要途径。

三、矿山火灾及其防治技术

（一）矿山火灾的分类和特点

凡是发生在矿山井下或地面而威胁到井下安全生产，造成损失的非控制燃烧均称为矿山火灾。矿山火灾的发生具有严重的危害性，可能会造成人员伤亡、矿井生产接续紧张、巨大的经济损失、严重的环境污染等。

根据引燃源的不同，矿山火灾可分为外因火灾和内因火灾两大类。

外因火灾是指由于外来热源，如明火、爆破、瓦斯煤尘爆炸、机械摩擦、电路短路等原因造成的火灾。外因火灾的特点是突然发生，来势凶猛，如不能及时发现，往往可能酿成恶性事故。

内因火灾是指煤（岩）层或含硫矿场在一定的条件和环境下自身发生物理化学变化积聚热量导致着火而形成的火灾。内因火灾的特点是发生过程比较长，而且有预兆，易于早期发现，但很难找到火源中心的准确位置，扑灭此类火灾比较困难。

（二）矿井内因火灾防治技术

1. 煤炭自燃倾向性

煤炭自燃倾向性是煤的一种自然属性，它取决于煤在常温下的氧化能力，是煤层发生自燃的基本条件。煤的自燃倾向性分为容易自燃、自燃、不易自燃

3类。

《煤矿安全规程》规定，新建矿井的所有煤层必须由国家授权单位进行自燃倾向性鉴定；生产矿井延探新水平时，必须对所有煤层的自燃倾向性进行鉴定。

2. **煤炭自燃的预测预报**

我国的煤炭自燃的预测预报主要采用气体分析法。

（1）预测预报指标。最新研究成果表明，可以使用一氧化碳、乙烯及乙炔三个指标，综合地将煤炭自燃划分为三个阶段：矿井风流中只出现10^{-6}级的一氧化碳时的缓慢氧化阶段；出现10^{-6}级的一氧化碳、乙烯时的加速氧化阶段；出现10^{-6}级的一氧化碳、乙烯及乙炔时的激烈氧化阶段，此时即将出现明火。

（2）束管集中检测系统。束管集中检测系统是基于气体分析的检测系统，与束管集中检测系统相配套的设备包括矿用火灾多参数色谱仪、火灾气体及温度传感器等。该系统由束管将检测气体送至井下分站，由各火灾气体传感器将所测到的电信号参数直接输送至地面监控室，在地面进行集中的实时监控和预报。

3. **煤炭自燃的预防技术**

煤炭自燃的预防技术包括惰化、堵漏、降温等，以及它们的组合。

（1）惰化技术防灭火。惰化技术就是将惰性气体或其他惰性物质送入拟处理区，抑制煤炭自燃的技术。主要包括黄泥灌浆、粉煤灰、阻化剂及阻化泥浆和惰性气体等。

（2）堵漏技术防灭火。堵漏就是采用某种技术措施，减少或杜绝向煤柱或采空区漏风，使煤缺氧而不至于自燃。堵漏技术和材料主要有：抗压水泥泡沫、凝胶堵漏技术、尾矿砂堵漏和均压等。

4. **火区封闭、管理和启封**

（1）火区封闭。当防治火灾的措施失败或因火势迅猛来不及采取直接灭火措施时，就需要及时封闭火区，防止火灾势态扩大。火区封闭的范围越小，维持燃烧的氧气越少，火区熄灭也就越快，因此火区封闭要尽可能地缩小范围，并尽可能地减少防火墙的数量。

为了便于隔离火区，应首先封闭或关闭进风侧的防火墙，然后再封闭回风侧，同时，还应优先封闭向火区供风的主要通道（或主干风流），然后再封闭那些向火区供风的旁侧风道（或旁侧风流）。

（2）火区管理。火区封闭以后，在火区没有彻底熄灭之前，应加强火区的管理。火区管理技术工作包括对火区所进行的资料分析、整理以及对火区的观测检查等工作。

绘制火区位置关系图，标明所有火区和曾经发火的地点，并注明火区编号、发火时间、地点、主要监测气体成分、浓度等。必须针对每一个火区，都建立火区管理卡片，包括火区登记表、火区灌注灭火材料记录表和防火墙观测记录表等。

（3）火区启封。只有经取样化验分析证实，同时具备下列条件时，方可认为火区已经熄灭，才准予启封：①火区内温度下降到30℃以下，或与火灾发生前该区的空气日常温度相同；②火区内的氧气浓度降到5%以下；③火区内空气中不含有乙烯、乙炔，一氧化碳在封闭期间内逐渐下降，并稳定在0.001%以下；④在火区的出水温度低于25℃，或与火灾发生前该区的日常出水温度相同。以上4项指标持续稳定的时间在1个月以上。

（三）火灾时期应变与救灾技术

（1）风流控制技术。选择合理的通风系统，加强通风管理，减少漏风。

（2）矿井反风技术。根据井下火灾具体情况，在保证作业人员和重大设备设施的安全条件下，可采用局部反风或全矿反风方法。

（3）防火灾技术。防止火灾扩大的技术方法主要有：

①隔离法。将火灾区封闭后与其他非火灾区隔开。

②窒息法。火灾区完全封闭，阻断助燃物（空气、氧气等）使火灾停止。

③采用灌浆灭火。将泥浆灌入发火区，使发火物被泥浆包裹，隔绝空气，防止火灾进一步蔓延。

④阻化剂灭火。将阻化剂喷洒于发火物上或注入发火体内，以抑制或延缓发火物的氧化，达到防止火灾扩大的目的。

四、矿山水害及其防治技术

（一）矿井突水源及涌水特征

在矿山开采过程中，矿井突水主要有地表水、溶洞—溶蚀裂隙水、含水层水、断层水、封闭不良的钻孔水、采空区形成的"人工水体"等。

矿井水质分析方法有多种，其中应用较多的是重量法、容积法和比色法。重量法主要用于杂质含量较多的水样，容积法适用于中等杂质含量的水样，比色法适用于微量含量的水样。

1. 大气降水为主要充水水源的涌水特征

这里主要指直接受大气降水渗入补给的矿床，多属于包气带中、埋藏较浅、充水层裸露、位于分水岭地段的矿床或露天矿区。其充（涌）水特征与降水、地形、岩性和构造等条件有关。

①矿井涌水动态与当地降水动态相一致，具有明显的季节性和多年周期性的变化规律。

②多数矿床随采深增加矿井涌水量逐渐减少，其涌水高峰值出现滞后的时间加长。

③矿井涌水量的大小还与降水性质、强度、连续时间及入渗条件有密切关系。

2. 以地表水为主要充水水源的涌水特征

①矿井涌水动态随地表水的丰枯作季节性变化，且其涌水强度与地表水的类型、性质和规模有关。受季节流量变化大的河流补给的矿床，其涌水强度亦呈季节性周期变化，有常年性大水体补给时，可造成定水头补给稳定的大量涌水，并难于疏干。有汇水面积大的地表水补给时，涌水量大且衰减过程长。

②矿井涌水强度还与井巷到地表水体间的距离、岩性与构造条件有关。一般情况下，其间距愈小，则涌水强度愈大；其间岩层的渗透性愈强，涌水强度愈大。当其间分布有厚度大而完整的隔水层时，则涌水甚微，甚至无影响；其间地层受构造破坏愈严重，井巷涌水强度亦愈大。

③采矿方法的影响。依据矿床水文地质条件选用正确的采矿方法，开采近地表水体的矿床，其涌水强度虽会增加，但不会过于影响生产；如选用的方法不当，可造成崩落裂隙与地表水体相通或形成塌陷，发生突水和泥沙冲溃。

3. 以地下水为主要充水水源的矿床

①矿井涌水强度与充水层的空隙性及其富水程度有关。

②矿井涌水强度与充水层厚度和分布面积有关。

③矿井涌水强度及其变化，还与充水层水量组成有关。

4. 以老窑水为主要充水水源的矿床

在我国许多老矿区的浅部，老采空区（包括被淹没井巷）星罗棋布，且其中充满大量积水。它们大多积水范围不明，连通复杂，水量大，酸性强，水压高。如生产井巷接近或崩落带到达老采空区，便会造成突水。

（二）矿井导水通道及探测技术

矿体及其周围虽有水存在，但只有通过某种通道，它们才能进入井巷形成涌水或突水。涌水通道可分为地层的空隙、断裂带等自然形成的通道和由于采掘活动等引起的人为涌水通道两类。

1. 自然导水通道

（1）地层的裂隙与断裂带。坚硬岩层中的矿床，其中的节理型裂隙较发育部位彼此连通时可构成裂隙涌水通道。依据勘探及开采资料，我们把断裂带分为两类，即隔水和透水断裂带。

（2）岩溶通道。岩溶空间分布极不均一，可以从细小的溶孔直到巨大的溶洞。它们可彼此连通，成为沟通各种水源的通道，也可形成孤立的充水管道。我国许多金属与非金属都深受其害。

（3）孔隙通道。孔隙通道主要是指松散层粒间的孔隙输水。它可在开采矿床和开采上覆松散层的深部基岩矿床时遇到。前者多为均匀涌水，仅在大颗粒地段和有丰富水源的矿区才可导致突水；后者多在建井时期造成危害。此类通道可输送含水层水入井巷，也可成为沟通地表水的通道。

2. 人为导水通道

这类通道是由于不合理勘探或开采造成的，理应杜绝产生此类通道。

（1）顶板冒落裂隙通道。采用崩落法采矿，造成的透水裂隙，如抵达上覆水源时可导致该水源涌入井巷，造成突水。

（2）底板突破通道。当巷道底板下有间接充水层时，便会在地下水压力和矿山压力作用下，破坏底板隔水层，形成人工裂隙通道，导致下部高压地下水涌入井巷造成突水事故。

（3）钻孔通道。在各种勘探钻孔施工时均可沟通矿床上、下各含水层或地表水，如在勘探结束后对钻孔封闭不良或未封闭，开采中揭露钻孔时就会造成突水事故。

（三）矿井防治水技术措施

1. 地表水治理措施

（1）合理确定井口位置。井口标高必须高于当地历史最高洪水位，或修筑坚实的高台，或在井口附近修筑可靠的排水沟和拦洪坝，防止地表水经井筒灌入井下。

（2）填堵通道。为防雨雪水渗入井下，在矿区内采取填坑、补凹、整平地表或建不透水层等措施。

（3）整治河流

①整铺河床。河流的某一段经过矿区，而河床渗透性强，可导致大量河水渗入井下，在漏失地段用黏土、料石或水泥修筑不透水的人工河床，以制止或减少河水渗入井下。

②河流改道。如河流流入矿区附近，可选择合适地点修筑水坝，将原河道截断，用人工河道将河水引出矿区以外。

（4）修筑排（截）水沟。山区降水后以地表水或潜水的形式流入矿区，地表有塌陷裂缝时，会使矿区涌水量大大增加。在这种情况下，可在井田外缘或漏水区的上方迎水流方向修筑排水沟，将水排至影响范围之外。

2. 地下水的排水疏干

在调查和探测到水源后，最安全的方法是预先将地下水源全部或部分疏放出来，方法有3种：地表疏干、井下疏干和井上下相结合疏干。

（1）地表疏干。在地表向含水层内打钻，并用深井泵或潜水泵从相互沟通的孔中把水抽到地表，使开采地段处于疏干降落漏斗水面之上，达到安全生产的目的。

（2）井下疏干。当地下水源较深或水量较大时，用井下疏干的方法可取得较好的效果。根据不同类型的地下水，有疏放老孔积水和疏放含水层水等方法。

（3）井上下相结合疏干

3. 地下水探放

（1）矿井工程地质和水文地质观测工作。水文地质工作是井下水害防治的基础，应查明地下水源及其水力联系。

（2）超前探放水。在矿井生产过程中，必须坚持"有疑必探、先探后掘"的原则，探明水源后制定措施放水。

4. 矿井水的隔离与堵截

在探查到水源后，由于条件所限无法放水，或者能放水但不合理，需采取隔离或堵截水流的防水措施。

（1）隔离水源。隔离水源的措施可分为留设隔离煤（岩）柱防水和建立隔水帷幕带防水两类方法。

①隔离煤（岩）柱防水。为防止煤（矿）层开采时各种水流进入井下，在受水威胁的地段留一定宽度或厚度的煤（矿）柱。防水煤（矿）柱尺寸的确定应考虑到含水层的水压、水量、所开采煤（矿）的机械强度、厚度等因素及有关规定，并通过实践综合确定。

②隔水帷幕带。隔水帷幕带就是将预先制好的浆液通过由井巷向前方所打的具有角度的钻孔，压入岩层的裂缝中，浆液在孔隙中渗透和扩散，再经凝固硬化后形成隔水的帷幕带，起到隔离水源的作用。注浆工艺过程和使用的设备都较简单，效果也好，是矿井防治水害的有效方法之一。

（2）矿井突水堵截 为预防采掘过程中突然涌水而造成波及全矿的淹井事故，通常在巷道一定的位置设置防水闸门和防水墙。

5. 矿山排水

矿山的排水能力要达到以下要求。

（1）金属及非金属矿山

①井下主要排水设备，至少应由同类型的3台泵组成。工作泵应能在20h内排出一昼夜的正常涌水量；除检修泵外，其他水泵在20小时内排出一昼夜的最大涌水量。井筒内应装备2条相同的排水管，其中1条工作，1条备用。

②水仓应由两个独立的巷道系统组成。涌水量大的矿井，每个水仓的容积，应能容纳2～4小时井下正常涌水量。一般矿井主要水仓总容积，应能容纳6～8小时的正常涌水量。

（2）煤矿

①必须有工作、备用和检修的水泵。工作水泵的能力，应能在20小时内排出矿井24小时的正常涌水量（包括充填水和其他用水）；备用水泵的能力应不小于工作水泵能力的70%；工作水泵和备用水泵的总能力，应能在20小时内排出矿井

24小时的最大涌水量；检修水泵的能力应不小于工作水泵能力的25%。水文地质条件复杂的矿井，可在主泵房内预留一定数量的水泵位置。

②必须有工作、备用的水管。工作水管的能力应能配合工作水泵在20小时内排出矿井24小时的正常涌水量。工作水管和备用水管的总能力，应能配合工作水泵和备用水泵在20小时内排出矿井24小时的最大涌水量。

主要水仓必须有主仓和副仓，当一个水仓清理时，另一个水仓能正常使用。新建、改扩建或生产矿井的新水平，正常涌水量在1 000 m³/h以下时，主要水仓的有效容量应能容纳8小时的正常涌水量。正常涌水量大于1 000 m³/h的矿井，主要水仓有效容量可按下式计算：

$$V=2（Q+3\,000）$$

式中 ： V——主要水仓的有效容积， m³；

Q——矿井每小时的正常涌水量， m³/h。

但主要水仓的总有效容量不得低于4小时的矿井正常涌水量。采区水仓的有效容量应能容纳4小时的采区正常涌水量。

（四）矿井水灾的预测和突水预兆

1. 矿井水灾的预测

矿井水灾的预测是指矿井在开采前，根据地质勘探的水文地质资料及专门进行的水害调查资料，确定矿井水灾的危险程度，并编制矿井水灾预测图。

（1）矿井水灾危险程度的确定

①用突水系数来确定矿井水害的危险程度。突水系数是含水层中静水压力（kPa）与隔水层厚度（ m）的比值，其物理意义是单位隔水层厚度所能承受的极限水压值。

②按水文地质的影响因素来确定矿井水害的危险程度。该方法是按水文地质的复杂程度将矿区的水害危险程度划分为5个等级。

（2）矿井水灾预测图的编制。根据隔水层厚度和矿区各地段的水压值，计算某开采水平的突水系数，编制相应比例的简单突水预测图，然后根据矿区突水系数的临界值，圈定安全区和危险区。水灾预测图的另一种编制方法是在开采平面图上圈定地下水灾的等级区域，据此制定最佳矿井规划和防治水害的措施，加强危险区域的监测，保证安全生产。

2. 矿井突水预兆

矿井突水过程主要决定于矿井水文地质及采掘现场条件。一般突水事故可归纳为两种情况：一种是突水水量小于矿井最大排水能力，地下水形成稳定的降落漏斗，迫使矿井长期大量排水；另一种是突水水量超过矿井的最大排水能力，造成整个矿井或局部采区淹没。

在各类突水事故发生之前，一般均会显示出多种突水预兆。

（1）一般预兆。一般预兆表现为：

①煤层变潮湿、松软，煤帮出现滴水、淋水现象，且淋水由小变大，有时煤帮出现铁锈色水迹；

②工作面气温降低，或出现雾气或硫化氢气味；

③有时可听到水的"嘶嘶"声；

④矿压增大，发生片帮、冒顶及底鼓。

（2）多种突水预兆。工作面底板灰岩含水层突水预兆为：

①工作面压力增大，底板鼓起，底鼓量有时可达500 mm以上；

②工作面底板产生裂隙，并逐渐增大；

③沿裂隙或煤帮向外渗水，随着裂隙的增大，水量增加，当底板渗水量增大到一定程度时煤帮渗水可能停止，此时水色时清时浊，底板活动时水变浑浊，底板稳定时水色变清；

④底板破裂，沿裂缝有高压水喷出，并伴有"嘶嘶"声或刺耳水声；

⑤底板发生"底爆"，伴有巨响，地下水大力量涌出，水色呈乳白或黄色。

（3）松散孔隙含水层水突水预兆

①突水部位发潮、清水且滴水现象逐渐增大，仔细观察发现水中含有少量细砂。

②发生局部冒顶，水量突增并出现流沙，流沙常呈间歇性，水色时清时浑，总的趋势是水量、砂量增加，直至流沙大量涌出。

③顶板发生溃水、溃砂，这种现象可能影响到地表，致使地表出现塌陷坑。

以上预兆是典型的情况，并不一定全部表现出来，在具体的突水事故过程中，该细心观察，认真分析、判断。

五、地下矿山尘毒及其防治措施

（一）矿山粉尘及其防治

在矿井生产过程中产生粉尘的主要环节有电钻或风钻打眼、爆破、铲装、提升、运输等工序。井下粉尘较多的地点有掘进工作面、回采工作面、自溜运输巷道、皮带运输机的转载点、矿仓和溜井的上下口以及井口的卸载点等。

1. 矿山粉尘的性质及危害

（1）粉尘的概念。矿山粉尘分为全尘、呼吸性粉尘、浮尘和落尘等。

①全尘。它是指用一般敞口采样器采集到一定时间内悬浮在空气中的全部固体微粒。

②呼吸性粉尘。这是指能被吸入人体肺部并滞留于肺泡区的浮游粉尘。空气动力直径小于7.07μm的极细微粉尘，是引起肺尘埃沉着病的主要粉尘。

③浮尘和落尘。悬浮于空气的粉尘称浮尘，沉积在巷道顶、帮、底板和物体上的粉尘称为落尘。

（2）粉尘性质。矿山粉尘的性质集中表现在以下几个方面：

①粉尘中游离二氧化硅的含量。粉尘中游离二氧化硅的含量是危害人体的决定因素，含量越高，危害越大。游离二氧化硅是引起硅沉着病的主要因素。

②粉尘的粒度。它是指粉尘颗粒大小的尺度。一般来说，尘粒越小，对人的危害越大。

③粉尘的分散度。它是指粉尘整体组成中各种粒级的尘粒所占的百分比。粉尘组成中，小于5μm的尘粒所占的百分数越大，对人的危害越大。

④粉尘的浓度。它是指单位体积空气中所含浮尘的数量。粉尘浓度越高，对人体危害越大。

⑤粉尘的吸附性。粉尘的吸附能力与粉尘颗粒的表面积有密切关系，分散度越大，表面积也越大，其吸附能力也增强。主要指标有吸湿性、吸毒性。

⑥粉尘的荷电性。粉尘粒子可以带有电荷，其来源是煤岩在粉碎中因摩擦而带电，或与空气中的离子碰撞而带电，尘粒的电荷量取决于尘粒的大小并与温湿度有关，温度升高时荷电量增多，湿度增高时荷电量降低。

⑦煤尘的燃烧和爆炸性。煤尘在空气中达到一定的浓度时，在外界明火的引

燃下能发生燃烧和爆炸。

（3）矿尘的危害性。矿尘的危害性主要表现在4个方面：

①污染工作场所，危害人体健康，引起职业病；

②某些矿尘（如煤尘、硫化尘）在一定条件下可以爆炸；

③加速机械磨损，缩短精密仪器使用寿命；

④降低工作场所能见度，增加工伤事故的发生。

2. 矿山粉尘防治技术

矿山防尘技术包括风、水、密、净和护等5个方面。

（1）采煤工作面防尘。煤层注水；合理选择采煤机截割机构；喷雾降尘。

（2）掘进工作面防尘。

①炮掘工作面防尘。风动凿岩机或电煤钻打眼是炮掘工作面持续时间长，产尘量高的工序。一般干打眼工序的产尘量占炮掘工作面总产尘量的80%～90%，湿式打眼时占40%～60%。所以，打眼防尘是炮掘工作面防尘的重点。

a. 打眼防尘。打眼防尘的主要技术有湿式凿岩、干式凿岩捕尘等。

风钻湿式凿岩：这是国内外岩巷掘进行之有效的基本防尘方法。

干式凿岩捕尘：在无法实施湿式凿岩时，如岩石遇水会膨胀、岩石裂隙发育、实施湿式作业其防尘效果差等情况下，可用于式孔口捕尘器等干式孔口除尘技术。

煤电钻湿式打眼：在煤巷、半煤巷炮掘中，采用煤电钻湿式打眼能获得良好的降尘效果，降尘率可达75%～90%。

b. 爆破防尘。爆破是炮掘工作面产尘最大的工序，采取的防尘措施主要有以下两种。

水炮泥：这是降低放炮时产尘量最有效的措施。

放炮喷雾：这是简单有效的降尘措施，在放炮时进行喷雾可以降低粉尘浓度和炮烟。

②机掘工作面通风除尘。掘进工作面虽然采取了相应的防尘措施，但一些细微的粉尘仍然是悬浮于空气中，尤其是掘进机械化程度的不断提高，产尘强度剧增，机掘工作面的产尘强度就大大高于炮掘工作面。

a. 通风除尘系统。合理的通风除尘系统是控制工作面悬浮粉尘运动和扩散的必要条件，主要有三种通风系统：长压短抽通风除尘系统、长抽通风除尘系统和长抽短压通风除尘系统。

b．通风除尘设备。主要设备有湿式除尘风机、湿式除尘器、袋式除尘器以及配套的抽出式伸缩风筒、附壁风筒等。

c．通风工艺的要求。压、抽风筒口相互位置的关系；压抽风量的匹配；局部通风机安装位置；抽出式局部通风机与除尘局部通风机的串联要求。

③锚喷支护防尘。锚喷支护技术发展很快，它也是煤矿的主要产尘源之一。锚喷支护的粉尘主要来自打锚杆眼、混合料转运、拌料和上料、喷射混凝土以及喷射机自身等生产工序和设备。

针对这些产尘源，锚喷支护主要采取配制潮料向喷射机上料、双水环加水、加接异径葫芦管、低压近喷、水幕净化和通风除尘等。

（3）运输、转载防尘。机械控制自动喷雾降尘装置。该类装置的特点是结构简单、容易制造，使用和维护方便而且降尘效果较好。电器控制自动喷雾降尘装置。该装置适用于煤矿转载运输系统中不同的尘源，是靠电器控制实现自动喷雾，有光控、声控、触控、磁控等多种形式。

（4）综合防尘措施。综合防尘措施包括湿式钻眼、冲刷井壁巷帮、使用水炮泥、水和净化风流等措施。

（5）个体防护。矿内各生产过程在采取了通风防尘措施之后，粉尘能够有效下降，但还有少量微细矿尘悬浮于空气之中，尤其是还有个别地点不能达到规定标准，还需要加强个体防护。

（二）矿山生产性毒物及其防治

矿山的主要有毒有害气体有氮氧化物（NO_x）、一氧化碳（CO）、二氧化硫（SO_2）、硫化氢（H_2S）、甲醛（HCHO）等醛类；个别矿山还有放射性气体，如氡、钍、锕射气。吸入上述有毒有害气体能使工人发生急性和慢性中毒，并可导致职业病。

1．有毒气体的来源

矿山空气中混入有毒有害气体是在爆破作业、柴油机械运行、台阶发生火灾时产生的，以及从矿岩中涌出和从露天矿内水中析出的。

矿山爆破后所产生的有毒气体，其主要成分是一氧化碳和氮氧化物。如果将爆破后产生的毒气都折合成一氧化碳，则1 kg炸药能产生80~120 L毒气。

柴油机械工作时会产生氧化氮、一氧化碳、醛类和油烟。

硫化矿物的氧化过程是缓慢的，但高硫矿床氧化时，除产生大量的热以外，还会产生二氧化硫和硫化氢气体；在含硫矿岩中进行爆破，或在硫化矿中发生的矿尘爆炸以及硫化矿的水解，都会产生二氧化硫和硫化氢。

矿山火灾时，往往引燃木材和油质，从而产生大量一氧化碳。

2. 矿井生产性毒物的防治措施

①矿山生产过程中，每天都要接触到上述有毒物质。排除上述有毒物质的最好办法是通风排毒，特别是爆破以后要加强通风，15分钟以后才能进入爆破现场。进入长期无人进入的井巷时，一定要检查巷道中氧气及有毒气体的浓度，采取安全措施才能进入。

②要教育职工严格遵守安全操作规程和卫生制度。

③当发现有人员中毒时，一定要先报告矿领导，派救护队员进矿抢救；或者报告领导后，采取观通风排毒措施、戴防毒面具以后才能进入抢救。

④建立健全合适的卫生设施，做好健康检查与环境监测。

六、顶板、边坡、尾矿坝（库）事故及其防治措施

（一）顶板事故及防治技术

1. 顶板事故的原因

在采矿生产活动中，顶板事故是最常见的事故，引发顶板事故的原因有：

（1）采矿方法不合理和顶板管理不善。采矿方法不合理，采掘顺序、凿岩爆破、支架放顶等作业不妥当，是导致这类事故发生的重要原因。

（2）缺乏有效支护。支护方式不当、不及时支护或缺少支架、支架的初撑力与顶板压力不相适应是造成此类事故的另一重要原因。

（3）检查不周和疏忽大意。在顶板事故中，很多事故都是由于事先缺乏认真、全面的检查，疏忽大意，没有认真执行"敲帮问顶"制度等原因造成的。

（4）地质条件不好。断层、褶曲等地质构造形成破碎带，或者由于节理、层理发育，破坏了顶板的稳定性，容易发生顶板事故。

（5）地压活动。地压活动也是顶板事故的一个重要原因。

（6）其他原因。不遵守操作规程、发现问题不及时处理、工作面作业循环不正规、爆破崩倒支架等都容易引起顶板事故。

2. 顶板事故防治技术

防治顶板事故的发生，必须严格遵守安全技术规程，从多方面采取综合预防措施。

（1）选用合理的采矿方法。选择合理的采矿方法，制定具体的安全技术操作规程，建立正常的生产和作业制度，是防治顶板事故的重要措施。

（2）搞好地质调查工作。对于采掘工作面经过区域的地质构造必须调查清楚，通过地质构造带时要采取可靠的安全技术措施。

（3）加强工作面顶板的支护与维护。为防止顶板事故的发生，永久支护与掘进工作面的距离不得超过规程规定要求，不在空顶下作业。在掘进工作面与永久支护之间，还应进行临时支护。发现弯曲、斜歪、折断和变形的支架，必须进行及时更换或维修。

（4）坚持正规循环作业

（5）严格顶板监测制度

（6）及时处理采空区

（二）露天矿滑坡事故及防治技术

1. 露天矿滑坡事故原因

露天矿边坡滑坡是指边坡岩体在较大范围内沿某一特定的剪切面滑动。露天矿滑坡事故发生的原因主要有：露天边坡角设计偏大，或台阶没按设计施工；边坡有大的结构弱面；自然灾害，如地震、山体滑移等；滥采乱挖等。

2. 边坡事故防治措施

（1）合理确定边坡参数

①合理确定台阶高度和平台宽度。合理的台阶高度对露天开采的技术经济指标和作业安全都具有重要意义。平台的宽度不但影响边坡角的大小，也影响边坡的稳定。

②正确选择台阶坡面角和最终边坡角。

（2）选择适当的开采技术

①选择合理的开采顺序和推进方向。在生产过程中必须采用从上到下的开采顺序，应选用从上盘到下盘的采剥推进方向。

②合理进行爆破作业。合理进行爆破作业，减少爆破震动对边坡的影响。

（3）制定严格的边坡安全管理制度。必须建立健全边坡管理和检查制度。有变形和滑动迹象的矿山，必须设立专门观测点，定期观测记录变化情况，并采取长锚杆、锚索、滑坡桩等加固措施。

（三）尾矿坝（库）溃坝事故

1. 尾矿坝（库）溃坝事故原因

尾矿坝是尾矿库用来贮存尾矿和水的围护构筑物。尾矿坝（库）溃坝事故的根源则主要是尾矿库建设前期对自然条件了解不够，勘察不明、设计不当或施工质量不符合规范要求，生产运行期间对尾矿库的安全管理不到位，缺乏必要的监测、检查、维修措施以及紧急预案等，一旦遇到事故隐患，不能采取正确的方法，导致危险源状态恶化并最终酿成灾难。

2. 尾矿坝（库）事故处理技术措施

（1）滑坡。滑坡抢护的基本原则是：上部减载，下部压重，即在主裂缝部位进行削坡，而在坝脚部位进行压坡。尽可能降低库水位，沿滑动体和附近的坡面上开沟导渗，使渗透水很快排出。若滑动裂缝达到坡脚，应该首先采取压重固脚的措施。因土坝渗漏而引起的背水坡滑坡，应同时在迎水坡进行抛土防渗。

因坝身填土碾压不实，浸润线过高而造成的背水坡滑坡，一般应以上游防渗为主，辅以下游压坡、导渗和放缓坝坡，以达到稳定坝坡的目的。对于滑坡体上部已松动的土体，应彻底挖出，然后按坝坡线分层回填夯实，并做好护坡。

坝体有软弱夹层或抗剪强度较低且背水坡较陡而造成的滑坡，首先应降低库水位。如清除夹层有困难时，则以放缓坝坡为主，辅以在坝脚排水压重的方法处理。地基存在淤泥层、湿陷性黄土层或液化等不良地质条件，施工时又没有清除或清除不彻底而引起的滑坡，处理的重点是清除不良的地质条件，并进行固脚防滑。因排水设施堵塞而引起的背水坡滑坡，主要是恢复排水设施效能，筑压重台固脚。

滑坡处理前，应严格防止雨水渗入裂缝内。可用塑料薄膜、沥青油毡或油布等加以覆盖。同时还应在裂缝上方修截水沟，以拦截和引走坝面的积水。

（2）溃坝

①在满足回水水质和水量要求前提下，尽量降低库水位；

②水边线应与坝轴线基本保持平行；

③尾矿库实际情况与设计要求不符时，应在汛期前进行调洪验算。

（3）地震尾矿库的抗震应贯彻预防为主的方针。当接到震情预报时，应根据实际情况做出防震、抗震计划和安排。

①按照设计文件或尾矿库安全评价的要求进行尾矿库抗震检查，根据检查结果，采取预防措施。

②做好人员组织、物资、交通、通信、照明、报警、抢险和救护等各项抗震准备工作。

③组织动员居民做好防震准备，以便发生险情时，及时疏散，撤离险区。

④严格控制库水位，确保抗震设计要求的安全滩长，满足地震条件下坝体稳定的要求。

⑤震前应注意库区内岸坡的稳定性，防止滑坡，破坏尾矿设施。

⑥对于上游建有尾矿库、排土场或水库等工程设施的尾矿库，应了解上游所建工程的稳定情况，必要时应采取防范措施，避免造成更大损失。

（四）顶板、边坡、尾矿坝（库）事故监测

顶板事故可以采用简易方法和仪器进行检查与观测，常用的简易方法有木楔法、标记法、听音判断法、震动法等。还可以采用顶板报警仪、机械测力计、钢弦测压仪、地音仪等观测顶板及地压活动。

露天矿边坡滑坡事故和尾矿坝（库）溃坝事故可以采用位移监测和声发射技术等手段来进行监测。

七、煤矿安全检测

煤矿安全检测的主要内容包括：对井下CH_4、CO、O_2等气体浓度的检测；对风速、风量、气压、温度、粉尘浓度等环境参数的检测；对生产设备运行状态的监测、监控等。检测仪表可以是机械式、化学式、光学式、电子式等，如U形压差计、机械风表、化学试纸、光干涉瓦斯检测仪等。但传感器一般都是电子式，将物理量变换成电信号后方能记录并传输。

1. 风速测定

①用风表测定风速。常用风表有杯式和翼式两种。

②用热电式风速仪和皮托管压差计测定风速。热电式风速仪分热线和热球式两种，热电式风速仪操作比较方便，但现有的热电式风速仪易于损坏，灰尘和湿度对它都有一定的影响，有待进一步改进以便在矿山广泛使用。

③对很低的风速或者鉴别通风构筑物漏风时，可以采用烟雾法或嗅味法近似测定空气移动速度。

④利用风速传感器测定。常用的风速传感器有：超声波涡街式风速传感器、超声波时差法风速传感器、热效式风速传感器等。

2. 矿井通风阻力的测定

矿井通风阻力测定的方法一般有以下3种：精密压差计和皮托管的测定法、恒温压差计的测定法和空盒气压计的测定法。

3. 瓦斯检测

瓦斯检测实际上是指甲烷检测，主要检测甲烷在空气中的体积浓度。矿井瓦斯检测方法有实验室取样分析法和井下直接测量法两种。使用便携式瓦斯检测报警仪，可随时检测作业场所的瓦斯浓度，也可使用瓦斯传感器连续实时地监测瓦斯浓度。

煤矿常用的瓦斯检测仪器，按检测原理分类有光学式、催化燃烧式、热导式、气敏半导体式等，可以根据使用场所、测量范围和测量精度等要求，选择不同检测原理的瓦斯检测仪器。

①光干涉瓦斯检定器。光干涉瓦斯检定器主要用于检测甲烷和二氧化碳，检测范围为0~10%、0~40%和0~100%。

②热催化瓦斯检测报警仪。热催化瓦斯检测报警仪主要检测低浓度甲烷，检测范围0~5%。

③智能式瓦斯检测记录仪。智能式瓦斯检测记录仪主要检测甲烷浓度，以单片机为核心，以载体催化元件及热导元件为敏感元件，用载体催化元件检测低浓度甲烷、热导元件检测高浓度甲烷，实现$0~99\%CH_4$的全量程测量，并能自动修

正误差。

④瓦斯、氧气双参数检测仪。瓦斯、氧气双参数检测仪装有检测甲烷和氧气两种敏感元件，同时连续检测甲烷和氧气浓度。最新研制出四参数检测仪，可同时测定甲烷、氧气、一氧化碳和温度，一氧化碳测量范围$0 \sim 0.099\ 9\%$，甲烷测量范围$0 \sim 4\%$，氧气检测范围$0 \sim 25\%$，温度检测范围$0 \sim 40℃$。

⑤瓦斯报警矿灯。在矿灯上附加瓦斯报警电路，即为瓦斯报警矿灯。仪器以矿灯蓄电池为电源，具有照明和瓦斯超限报警两种功能。现有数十种不同结构形式的产品，从报警电路的部位看，早期产品将电路装于蓄电池内，近期产品则将电路置于头灯或矿帽上。有的装在矿帽前方，有的装在矿帽后部，还有装在矿帽两侧的。一氧化碳检测报警仪，能连续或点测作业环境的一氧化碳浓度，仪器开机即可检测，检测范围$0 \sim 0.2\%$。

4. 一氧化碳检测

一氧化碳是剧毒性气体，吸入人体后，造成人体组织和细胞缺氧，引起中毒窒息。煤矿火灾、瓦斯和煤尘爆炸及爆破作业时都将产生大量的一氧化碳。为了矿工的身体健康，《煤矿安全规程》规定，井下作业场所的一氧化碳浓度应控制在$0.002\ 4\%$以下。煤矿常用的一氧化碳检测仪器有电化学式、红外线吸收式、催化氧化式等。

5. 氧气检测

《煤矿安全规程》对矿井氧气含量有严格规定。煤矿中检测氧气常用的方法主要有气相色谱法、电化学法和顺磁法。其中气相色谱仪一般安装在地面，通过人工取样分析矿井气体成分浓度。

6. 温度检测

煤矿常用的温度传感器有热电偶、热电阻、热敏电阻、半导体PN结、半导体红外热辐射探测器、热噪声、光纤等。

7. 煤矿安全监测监控系统

（1）煤矿安全监测监控系统　煤矿安全监测监控系统组成为：①传感器和执行器，包括测量电路、声光报警器、控制器和工作电源等；②信息传输装置，包括传输接口、分站、传输线、接线盒和电源等；③中心站或主站的硬件，包括计算机、信号采集接口、外围设备及电源等；④中心站或主站的软件，包括应用程序、操作系统（或监控程序）及存储介质等。

（2）监控系统主要技术指标 我国监控系统主要技术指标包括：①中心站到最远测点的距离不小于10 km，对于只适应于中小煤矿的系统不小于7 km；②传感器到分站的传输距离不小于1 km；③系统误差不大于1%；④时分制监测系统的误码率不大于10^{-6}；⑤系统巡检时间不超过30秒；⑥控制执行时间不超过30秒。

八、矿山救护

1. 矿井火灾事故救护和处理

（1）矿井火灾事故救护原则 处理矿井火灾事故时，应遵循以下基本技术原则：控制烟雾的蔓延，不危及井下人员的安全；防止火灾扩大；防止引起瓦斯、煤尘爆炸，防止火风压引起风流逆转而造成危害；保证救灾人员的安全，并有利于抢救遇险人员；创造有利的灭火条件。

（2）井下火灾的常用扑救方法

①直接灭火方法。用水、惰气、高泡、干粉、砂子（岩粉）等，在火源附近或离火源一定距离直接扑灭矿井火灾。

②隔绝灭火方法。隔绝灭火就是在通往火区的所有巷道内构筑防火墙，将风流全部隔断，制止空气的供给，使矿井火灾逐渐自行熄灭。

③综合灭火方法。先用密闭墙封闭火区，待火区部分熄灭和温度降低后，采取措施控制火区，再打开密闭墙用直接灭火方法灭火：先将火区大面积封闭；待火势减弱后，再锁风逐步缩小火区范围；然后进行直接灭火。

2. 矿井瓦斯、煤尘爆炸事故的救护及处理

发生瓦斯煤尘爆炸事故时，矿山救护队的主要任务是：抢救遇险人员；对充满爆炸烟气的巷道恢复通风；抢救人员时清理堵塞物；扑灭因爆炸而产生的火灾。

首先到达事故矿井的小队应对灾区进行全面侦察，查清遇险遇难人员数量、地点、倒地方向和姿势，遇险遇难人员伤害类型、部位和程度，并进行现场描述，发现幸存者立即佩戴自救器救出灾区，发现火源要立即扑灭。

3. 煤（岩）与瓦斯（二氧化碳）突出事故的救护及处理

（1）一般原则。发生煤与瓦斯突出事故时，矿山救护队的主要任务是抢救人员和对充满瓦斯的巷道进行通风。救护队进入灾区侦察时，应查清遇险遇难人员数量、地点、倒地方向和姿势，遇险遇难人员伤害类型、部位和程度，并进行现场描述。

（2）抢救遇险人员方法。采掘工作面发生煤与瓦斯突出事故后，首先到达事故矿井的矿山救护队，应派1个小队从回风侧，另1个小队从进风侧进入事故地点救人。仅有1个小队时，如突出事故发生在采煤工作面，应从回风侧进入救人。救护队进入灾区前，应携带足够数量的隔绝式自救器或全面罩氧气呼吸器，以供遇险人员佩戴。

侦察中发现遇险人员应及时抢救，为其佩戴隔绝式自救器或全面罩氧气呼吸器，引导出灾区。对于被突出煤炭堵在里面的人员，应利用压风管路、打钻等输送新鲜空气救人，并组织力量清除阻塞物。如不易清除，可开掘绕道，救出人员。

（3）救护措施

①发生煤与瓦斯突出事故，不得停风和反风，防止风流紊乱扩大灾情。如果通风系统及设施被破坏，应设置风障、临时风门及安装局部通风机恢复通风。

②发生煤与瓦斯突出事故时，要根据井下实际情况决定是否停电。如不会因停电造成被水淹的危险，应远距离切断灾区电源；否则应加强通风，特别要加强电气设备处的通风，做到运行的设备不停电，停运的设备不送电，防止产生火花，引起爆炸。

③瓦斯突出引起火灾时，要采用综合灭火或惰气灭火。

④小队在处理突出事故时，检查矿灯，要设专人定时定点用100%瓦斯测定器检查瓦斯浓度，设立安全岗哨。

⑤处理岩石与二氧化碳突出事故时，除严格执行处理煤与瓦斯突出事故各项规定外，还必须对灾区加大风量，迅速抢救遇险人员。矿山救护队进入灾区时，要戴好防护眼镜。

4. 矿井冒顶事故的救护及处理

（1）一般原则

①矿井发生冒顶事故后，矿山救护队的主要任务是抢救遇险人员和恢复通风。

②在处理冒顶事故之前，矿山救护队应向事故附近地区工作的干部和工人了解事故发生原因、冒顶地区顶板特性、事故前人员分布位置、瓦斯浓度等，并实地查看周围支架和顶板情况，必要时加固附近支架，保证退路安全畅通。

③抢救人员时，可用呼喊、敲击的方法听取回击声，或用声响接收式和无线电波接收式寻人仪等装置，判断遇险人员的位置，与遇险人员保持联系，鼓励他们配合抢救工作。对于被堵人员，应在支护好顶板的情况下，用掘小巷、绕道通过冒落区或使用矿山救护轻便支架穿越冒落区接近他们。

④处理冒顶事故的过程中，矿山救护队始终要有专人检查瓦斯和观察顶板情况，发现异常，立即撤出人员。

⑤清理堵塞物时，使用工具要小心，防止伤害遇险人员；遇有大块矸石、木柱、金属网、铁架、铁柱等物压入时，可使用千斤顶、液压起重器、液压剪刀等工具进行处理，绝不可用镐刨、锤砸等方法扒人或破岩。

⑥抢救出的遇险人员，要用毯子保温，并迅速运至安全地点进行创伤检查，在现场开展输氧和人工呼吸、止血、包扎等急救处理，危重伤员要尽快送医院治疗。对长期困在井下的人员，不要用灯光照射眼睛，饮食要由医生决定。

（2）抢救遇险人员方法

①顶板冒落范围不大时，如果遇难人员被大块矸石压住，可采用千斤顶、撬棍等工具把大块岩石顶起，将人迅速救出。

②顶板沿煤壁冒落，矸石块度比较破碎，遇难人员又靠近煤壁位置时，可采用沿煤壁方向掘小洞，架设临时支架维护顶板，边支护边掘洞，直到救出遇难人员。

③如果遇难者位置靠近放顶区，可采用沿放顶区方向掘小洞，架设临时支架，背帮、背顶，或用前探棚边支护边掘洞，把遇难人员救出。

④冒落范围较小，矸石块度小，比较破碎，并且继续下落，矸石扒一点、漏一些。在这种情况下处理冒顶和抢救人员时，可采用撞楔法处理，以控制顶板。

⑤分层开采的工作面发生事故，底板是煤层，遇难人员位于金属网或荆笆假

顶下面时，可沿底板煤层掏小洞，边支护边掏洞，接近遇难者后将其救出；如果底板是岩石，遇难者位于金属网或荆笆假顶下面时，可沿煤壁掏小洞，寻找和救出遇难人员。

⑥冒落范围很大，遇难者位于冒落工作面的中间时，可采用掏小洞和撞楔法处理。当时间长不安全时，也可采取另掘开切眼的方法处理，边掘进边支护。

⑦如果工作面两端冒落，把人堵在工作面内，采用掏小洞和撞楔法穿不过去，可采取另掘巷道的方法，绕过冒落区或危险区将遇难人员救出。

（3）冒顶事故的处理方法

①局部小冒顶的处理。回采工作面发生冒顶的范围小，顶板没有冒实，而顶板矸石已暂时停止下落，这种局部小冒顶比较容易处理。一般采取掏梁窝、探大梁，使用单腿棚或悬挂金属顶梁处理。

②局部冒顶范围较大的处理。一种是伪顶冒落直接顶未落，一般采取从冒顶两端向中间进行探梁处理；另一种是直接顶冒落，而且冒落区不停地沿煤壁空隙往下淌碎矸石，一般采取打撞楔的办法处理。

③大冒顶的处理。缓倾斜薄煤层和中厚煤层，尤其是中厚煤层处理工作面大冒顶的方法基本上有两种，其一是恢复工作面的方法，其二是另掘开切眼或局部另掘开切眼的方法。

5. 矿井水灾事故的救护及处理

（1）一般原则

①井巷发生透水事故时，矿山救护队的任务是抢救受淹和被困人员，防止井巷进一步被淹和恢复井巷通风。

②处理矿井水灾事故时，矿山救护队到达事故矿井后，要了解灾区情况、突水地点、性质、涌水量、水源补给、水位、事故前人员分布、矿井具有生存条件的地点及其进入的通道等，并根据被堵人员所在地点的空间、氧气、瓦斯浓度以及救出被困人员所需的大致时间，制定相应的救灾方案。

③矿山救护队在侦察时，应判定遇险人员位置，涌水通道、水量、水的流动线路，巷道及水泵设施受水淹程度、巷道冲坏和堵塞情况，有害气体浓度及巷道分布情况和通风情况等。

④采掘工作面发生透水事故时，第1个小队一般应进入下部水平救人，第2个小队应进入上部水平救人。

⑤对于被困在井下的人员，其所在地点高于透水后水位时，可利用打钻等方法供给新鲜空气、饮料及食物；如果其所在地点低于透水后水位时，则禁止打钻，防止泄压扩大灾情。

⑥矿井透水量超过排水能力，有全矿或水平被淹危险时，应组织人力物力强行排水，在下部水平人员救出后，可向下部水平或采空区放水。如果下部水平人员尚未撤出，主要排水设备受到被淹威胁时，可用装有黏土、砂子的麻袋构筑临时防水墙，堵住泵房口和通往下部水平的巷道。

⑦如果透水威胁水泵安全，在人员撤退的同时要保护泵房不致被淹。

⑧排水过程中要切断电源、保持通风、加强对有毒有害气体的检测，并且要注意观察巷道情况，防止冒顶和掉底。

（2）被困人员生存条件分析　主要从以下两个方面进行分析：①被困人员生命能源；②被困地点空间及空气质量。

6. 矿井淤泥、黏土和流沙溃决事故的救护及处理

（1）矿井溃决事故的类型

①岩溶突泥。大量的岩溶充填物（如黄泥等）溃入井巷，威胁矿井生产，造成人员伤亡。②地面淤泥从塌陷区裂缝溃入井下。由于采动的影响，采空区冒落造成地表塌陷，导致地面淤泥从裂缝溃入井下，给煤矿的正常生产和人员安全带来威胁。

③煤层顶部含水泥砂层溃入。当煤层顶部有含水、含泥沙层，开采后由于顶板冒落不实，黄泥、泥浆从裂隙溃入井巷，形成灾害。

（2）处理矿井溃决事故的行动准则

①处理淤泥、黏土和流沙溃决事故时，矿山救护队的主要任务是救助遇险人员，清除透入井巷中的淤泥、黏土和流沙，加强有毒有害气体检测，恢复通风。

②溃出的淤泥、黏土和流沙使遇险矿工被困堵时，在抢救时应首先确定遇险人员所处的位置，并尽快清通淤堵区，向被困堵人员输送新鲜空气、食物和饮料等生活必需品。

③当泥沙发有溃入下部水平的危险时，应将下部水平人员撤到安全处。

④在淤泥已停止流动，寻找和救助人员时，应在铺于淤泥上的木板上行进。

⑤在拆除阻挡淤泥的阻塞物时，可在其中开一些小孔，供淤泥逐渐流放之用。如果阻塞物内的淤泥带具有压力，则应在防护墙的掩护下拆除阻塞物。

⑥遇险人员救出后，应将处于淤堵地点附近人员迅速绕过灾区进入安全地带，禁止逆着淤泥蔓延的方向撤运人员。